Dr. Himadri Acharya
Dr. Rajib Panchadhayee
Dr. Subrata Paul

Actas da Conferência sobre Investigação Avançada em Ciências Químicas (ARCS)

Dr. Himadri Acharya
Dr. Rajib Panchadhayee
Dr. Subrata Paul

Actas da Conferência sobre Investigação Avançada em Ciências Químicas (ARCS)

21-22 de dezembro de 2023, Departamento de Química, Universidade de Assam, Silchar, Assam-788011, Índia

Imprint

Any brand names and product names mentioned in this book are subject to trademark, brand or patent protection and are trademarks or registered trademarks of their respective holders. The use of brand names, product names, common names, trade names, product descriptions etc. even without a particular marking in this work is in no way to be construed to mean that such names may be regarded as unrestricted in respect of trademark and brand protection legislation and could thus be used by anyone.

Cover image: www.ingimage.com

This book is a translation from the original published under ISBN 978-620-8-01242-7.

Publisher:
Sciencia Scripts
is a trademark of
Dodo Books Indian Ocean Ltd. and OmniScriptum S.R.L publishing group

120 High Road, East Finchley, London, N2 9ED, United Kingdom
Str. Armeneasca 28/1, office 1, Chisinau MD-2012, Republic of Moldova, Europe
Printed at: see last page
ISBN: 978-620-8-18517-6

Conteúdo

MENSAGEM 4

CAPÍTULO 1 10

CAPÍTULO 2 26

CAPÍTULO 3 86

Organised By

Department of Chemistry
Assam University, Silchar

Supported By

Science and Engineering Research Board (SERB)

COMITÉ ORGANIZADOR

Patrono principal:
Prof. Rajive Mohan Pant
Vice-Reitor, Universidade de Assam
Patrono:
Prof. Karabi Dutta Choudhury
Diretor, Escola de Ciências Físicas Albert Einstein
Presidente:
Prof. Sk Jasimuddin
Diretor do Departamento de Química
Convocador:
Dr. Himadri Acharya
Co-coordenador:
Dr. Rajib Panchadhayee
Dr. Subrata Paul
Tesoureiro:
Dr. Sudip Choudhury
Membros:
Prof. C. R. Bhattacharjee
Prof. Pradip Ch. Paul
Prof. Paritosh Mondal
Prof. Manoj Kumar Paul
Dr. Devashish Sengupta

प्रोफेसर राजीव मोहन पंत

कुलपति

Prof. Rajive Mohan Pant

Vice-Chancellor

असम विश्वविद्यालय
(एक केन्द्रीय विश्वविद्यालय)
सिलचर 788011, असम, भारत

ASSAM UNIVERSITY
(A Central University)
Silchar 788011, Assam, India

Dou as minhas sinceras boas-vindas a todos os eminentes oradores, investigadores e mentes entusiastas que se apresentam nesta augusta ocasião na Universidade de Assam, em Silchar. As Ciências Químicas desempenham um papel vital na resolução dos desafios nos domínios da saúde, da medicina, da energia e das alterações climáticas. O Departamento de Química tem-se esforçado por alcançar e prosseguir domínios de vanguarda da investigação e desenvolvimento para enfrentar os desafios societais. Neste contexto, é organizada uma conferência nacional de dois dias sobre "Investigação Avançada em Ciências Químicas (ARCS-2023)" durante 21-22 de dezembro de 2023. A conferência proporcionará uma plataforma aos académicos e investigadores de diferentes partes da Índia para trocarem as suas ideias e partilharem experiências sobre os recentes avanços das ciências químicas. Gostaria de felicitar os organizadores da conferência ARCS-2023 por reunirem os principais cientistas numa única plataforma. Estou certo de que as suas deliberações serão de grande utilidade para os jovens cientistas. Desejo um grande sucesso para a conferência.

Data: 18-12-2023

Date: 18-12-2023

Vice-Chancellor

Da mesa do presidente

Mensagem

As ciências químicas têm vindo a desempenhar um papel importante, nomeadamente nos domínios da energia, da água, da agricultura e da saúde. Estes domínios necessitam de novos materiais com propriedades específicas que as ciências químicas satisfazem. Nos últimos anos, as actividades de investigação em ciências químicas, particularmente no domínio da conceção e síntese de novas moléculas e materiais e da sua gama diversificada de aplicações de nicho, têm aumentado tremendamente. Trata-se de um ramo da ciência em constante mutação, com descobertas e invenções excitantes que ocorrem a um ritmo acelerado todos os dias. O Departamento de Química da Universidade de Assam, Silchar, sente-se orgulhoso e privilegiado por organizar a conferência nacional de dois dias sobre "*Investigação Avançada em Ciências Químicas*" (ARCS-2023) durante os dias 21 e 22 de dezembro de 2023, que será iluminada pela presença auspiciosa de cientistas e investigadores de renome internacional no domínio das ciências químicas. As deliberações da conferência durante os dois dias proporcionarão uma oportunidade para partilhar as mais recentes descobertas e invenções, desafios, necessidades actuais e oportunidades no domínio das ciências químicas. Desde a sua criação em 1996, o Departamento de Química tem estado ativamente envolvido na transmissão de um ensino avançado através de um currículo académico avançado e na realização de investigação nas áreas de fronteira das ciências químicas. A relação amigável existente entre os membros do corpo docente e do pessoal, os investigadores e os estudantes é uma riqueza natural deste departamento. A receção do UGC-SAP (DRS), do DST-FIST e de um "Centro de Matéria Mole" concedido pelo UGC ao abrigo do XI plano é testemunho do nosso humilde crescimento registado até agora. Numerosos projectos patrocinados, publicações em revistas de alto impacto revistas pelos pares e um grupo vibrante de jovens docentes dedicados são as nossas principais credenciais. Gostaria de aproveitar esta oportunidade para agradecer a todos os nossos ex-colegas e antigos alunos do departamento pelas suas contribuições para o crescimento e desenvolvimento do departamento.

Em nome do departamento, agradeço sinceramente ao Science and Engineering Research Board (SERB), ao North-Eastern Council (NEC) e à Universidade de Assam, Silchar, pelo seu apoio financeiro para tornar este programa um grande sucesso.

Por último, sinto-me extremamente honrado por dar as boas-vindas a todos os ilustres convidados, oradores convidados e outros participantes na conferência nacional de dois dias na Universidade de Assam, em Silchar, e desejo-vos a todos uma estadia agradável e divertida em Silchar. Espero que todos os esforços envidados para organizar este evento sejam um grande êxito.

Prof. Sk. Jasimuddin

Presidente, ARCS-2023

Da mesa do presidente

É uma grande honra que o Departamento de Química da Universidade de Assam, Silchar, esteja a organizar uma conferência nacional de dois dias sobre "Investigação Avançada em Ciências Químicas (ARCS)" durante os dias 21 e 22 de dezembro de 2023, que será iluminada pela presença auspiciosa de cientistas e investigadores eminentes no campo da investigação e desenvolvimento contemporâneos em química e disciplinas afins. Esta conferência tem como objetivo fornecer uma plataforma comum para reunir académicos, cientistas, pesquisadores e estudantes de química, física e biociências para apresentar seu trabalho e discutir os últimos avanços e inovações nos domínios de pesquisa da era da vanguarda para o estabelecimento de suportar os desafios globais comuns.

Reconhecendo a extensão e a diversidade da investigação química, os tópicos temáticos da conferência ARCS-2023 são a química verde e sustentável, para explorar a inovação da química em aspectos interdisciplinares a fim de alcançar os objectivos de sustentabilidade. As mais recentes metodologias e tecnologias que promovem a investigação em colaboração nas vastas áreas da síntese orgânica, da química medicinal e biomolecular para medicamentos personalizados, anticancerígenos e outras utilizações farmacêuticas. A química dos materiais e os nanomateriais são essenciais para enfrentar os desafios da ciência e da tecnologia, tendo em vista potenciais avanços no domínio das energias renováveis, da energia fotovoltaica, do armazenamento de energia, da oxidação do dióxido de carbono, das baterias, etc. Vários compostos de coordenação à base de metais de transição, benignos para o ambiente e económicos, para a captura eficiente de carbono, a catálise e a remediação ambiental. O modelo e os métodos teóricos, a simulação por computador para compreender, conceber e controlar a geometria molecular, as propriedades e o mecanismo de reação e auxiliar os resultados experimentais. Inovação em materiais cristalinos líquidos e polímeros com propriedades optoelectrónicas, térmicas e químicas melhoradas, a fim de contrariar os desafios do atual desempenho dos dispositivos. A investigação avançada em ciências químicas e a rápida adoção de novos compostos para a inovação tecnológica em ciências afins, como a biologia, a física e a engenharia, têm implicações de grande alcance para proporcionar conhecimentos globais recentes e aprofundados e para o futuro roteiro da investigação em ciências químicas.

Apesar de esta conferência ser organizada num local remoto na região nordeste, estou certo de que a troca de ideias e a química antecipada entre os participantes irão iluminar o nosso conhecimento em diferentes aspectos da investigação química moderna e levar à germinação de novas ideias. Desejo que a conferência seja um grande sucesso.

Dr. Himadri Acharya
Convocador, ARCS-2023

Conferência Nacional sobre Investigação Avançada em Ciências Químicas

(ARCS-2023)

21ˢᵗ dezembro a 22ⁿᵈ dezembro 2023

Organizado pelo Departamento de Química, Universidade de Assam, Silchar, ÍNDIA

Calendário do programa

Hora padrão indiana	*Dia 1*	
	***Local do evento**: Auditório Bipin Chandra Paul*	
9:00-10:00	***Registo***	
10:00-10:45	***Inauguração***	
10:45h-11:30h		**Discurso de abertura** Prof. Amitava Das, IISER Kolkata, WB Tópico: Moléculas e conjuntos moleculares criados para fins específicos para aplicações terapêuticas: Uma prova de conceito
11:30h-11:50h	***Chá da tarde***	
11:50-12:25	*Técnica* ***Sessão 1*** *(Presidente: Prof. Balaram Mukhopadhyay)*	**PL1** Prof. Dilip Kumar Maiti, Universidade Biswa Bangla, WB Tópico: Conceção, síntese e fabrico de nanomateriais orgânicos e sua aplicação como sensores inteligentes, escrita sem tinta e dispositivos
12:25 pm-12:55 pm		**IL1** Prof. Manjit Kr: Bhattacharyya, Universidade de Cotton, Guwahati Tópico: Engenharia de cristais de sólidos de coordenação metal-orgânicos: Explorando Sínteses Não-Covalentes Orientadoras de Estrutura
12:55 pm-1:25 pm		**IL2** Dr. Debajyoti Mahanta, Universidade de Gauhati, Guwahati Tópico: Conceção de materiais de eléctrodos para armazenamento eletroquímico de energia em eletrólito aquoso
	***Local do evento**: Departamento de Química, AUS*	
13:25 às 14:30	***Almoço***	
2:30 pm-3:30 pm	***Apresentação de posters (PP-01-PP-31)***	
15:30h-4:05h	*Técnica* ***Sessão 2***	**PL2** Prof. Balaram Mukhopadhyay, IISER Calcutá, WB Tópico: Hidratos de carbono: O mundo doce
16:05h-16:35h	*(Presidente. Prof. Dilip K. Maiti)*	**IL3** Dr. Sajal Kumar Das, Universidade de Tezpur, Assam Tópico: Síntese Diastereoselectiva de Bis-Cromanos/Tetrahidroquinolinas/Tetralinas *cis-*

7

		Fundidos
		Rearranjo de Semi-pinacol em tandem/Ciclização de Friedel-Crafts dupla
16:35 às 16:50		**OP-1**
16:50h-5:05h		**OP-2**
17h05m-5h20m		*Pausa para o chá*
5:30 pm-7:00 pm		*Programa cultural*
7:30 pm-9:00 pm		*Jantar da conferência*
	Dia 2	
	Local do evento: Departamento de Química, AUS	
10:00-10:35	*Sessão Técnica 3 (Presidente: Prof. Pranab Ghosh)*	**PL3** Prof. Vinod Kumar Tiwari, Universidade Banaras Hindu, UP Tópico: Click Chemistry- Uma Reação Prémio Nobel: O Impacto Crescente da Glicociência
10:35h-11:10h		**PL4** Prof. Ranendra Nath Dutta Purakayastha, Universidade de Tripura, Tripura Tópico: Perspectivas da Química de Carboxilatos Metálicos: Síntese, Estrutura e Exploração de algumas Propriedades
11:10-11:40		**IL4** Dr. Ved Prakash Singh, Universidade de Mizoram, Mizoram Tópico: Conceção de fármacos, síntese e exploração estrutural de precursores farmacêuticos à base de 2-piridona
11h40-11h55		*Pausa para o chá*
11:55-12:30	*Técnica Sessão 4 (Presidente: Prof. Viond Kumar Tiwari*	**PL5** Prof. Pranab Ghosh, Universidade de Bengala do Norte, WB Tópico: Triterpenóides: Isolamento, caraterização e sua reação transformadora
12:30 pm-1:00 pm		**IL5** Prof. Kaushik Chanda, Universidade Rabindranath Tagore, Assam Tópico: Desvendando o potencial sintético da 2-aminopiridina: Um herói desconhecido na descoberta de medicamentos
1:00 pm-1:15 pm		**OP3**
13:15 -1:30		**OP4**
1:30 pm -2:30 pm		*Almoço*
2:30 pm -3:00 pm	*Sessão Técnica 5 (Presidente: Prof. Ranendra Nath Dutta Purakayastha)*	**IL6** Dr. Pranjal Kalita, Instituto Central de Tecnologia, Assam Tópico: Materiais recicláveis: Produtos químicos de valor acrescentado e degradação de corantes
15:00 - 15:30		**IL7** Dr. T. Sanjay Singh, North-Eastern Hill University, Meghalaya Tópico: Quimiossensor Fluorescente: Síntese, estudos

		fotofísicos e suas aplicações em bioimagem
15:30h - 15:45h		**OP-5**
15:45 - 16:00		**OP-6**
16:00 h - 16:30 h		*Sessão de despedida*

CAPÍTULO 1

Discurso de Abertura, Conferências Plenárias e Conferências Convidadas

KA: Moléculas e conjuntos moleculares criados para fins específicos para aplicações terapêuticas: Uma prova de conceito

Amitava Das

Departamento de Ciências Químicas, Instituto Indiano de Educação e Investigação Científica Kolkata, Mohanpur 741246, Índia E-mail: amitava@iiserkol.ac.in

Resumo:

A ênfase recente na conceção de sistemas de administração de fármacos (DDs) envolve normalmente o transporte eficaz de uma substância farmacêutica para o local da doença com a eficácia terapêutica desejada e o mínimo de citotoxicidade para a fisiologia humana.1 Muito recentemente, os processos foto-induzidos ou fotocatalíticos têm sido utilizados para aplicações terapêuticas. Os avanços e conhecimentos alcançados na utilização das propriedades optoelectrónicas de moléculas foto-responsivas ou de conjuntos moleculares contribuíram significativamente para a conceção de vários DD para melhorar a eficácia dos medicamentos. Serão discutidos alguns dos nossos esforços recentes para demonstrar a prova de conceito na conceção de pró-fármacos adequados ou de um composto molecular para o tratamento do cancro ou de determinadas manchas bacterianas.2

Referências:

1. Kandoth, N.; Barman, S.; Chatterjee, A.; Sarkar, S.; Dey, A. K.; Pramanik, S. K.; Das, A., *Adv. Funct. Mater.* 2021, 31, 2104480; Raksha, K.; Kandoth, N.; Gupta, S.; Gupta, S.; Pramanik, S. K.; Das, A.; *ACS Appl. Mater. Interfaces*, 2023, 15, 25148-25160; Kandoth, N.; Chaudhary, S.; Gupta, S.; Raksha, K.; Chatterjee, A.; Gupta, S.; Karuthedath, S. Castro, C. De; Laquai, F.; Pramanik, S. K.; Bhattacharyya, S.; Mallick, A. I.; Das; A. *ACS Nano*, 2023, 17, 10393-10406 2. Tiwari, R.; Shinde, P.S.; Sreedharan, S.; Dey, A.K.; Vallis, K.A.; Mhaske, S.B.; Pramanik, S.K.; Das, A. *Chem. Sci.* 2021, 12, 2667-2673 ; Dey, A.; Yadav, M.; Kumbart, D.; Dey, A.K.; Samal, S.; Debpura, T.; Pramanik, S.K.; Chaudhuri, S.; Das, A. *Chem. Sci.*, 2022, 13, 10103;.

PL-01: Conceção, síntese e fabrico de nanomateriais orgânicos e sua aplicação como sensores inteligentes, escrita sem tinta e dispositivos

Dilip K. Maiti

Department of Chemistry, University of Calcutta, 92 APC Road, Kolkata-700009, Índia E-mail: dkmchem@caluniv. ac. in

Resumo:

Os nanomateriais orgânicos têm várias vantagens sobre os inorgânicos. Os nanomateriais orgânicos são inovadores, insensíveis à humidade, com caraterísticas electrónicas ajustáveis, fáceis de fabricar, não magnéticos, mais leves, mais flexíveis, biodegradáveis, menos dispendiosos e podem ser facilmente purificados. As propriedades semicondutoras, electrónicas e optoelectrónicas podem ser facilmente modificadas através da alteração do tamanho, da forma, da estrutura química, da morfologia e da instalação de uma vasta gama de grupos funcionais, o que, por sua vez, gera desempenhos inovadores em termos de semicondutores, condutores, fotoluminescência, armazenamento, visualização e deteção, para obter dispositivos altamente eficientes. Consequentemente, os nanomateriais orgânicos abrem a porta a muitas aplicações novas e avançadas que seriam impossíveis com materiais inorgânicos. Assim, a conceção e a síntese de novos compostos orgânicos, os seus materiais unidireccionais fabricados e o desenvolvimento de novas propriedades electrónicas são desejáveis para a obtenção de dispositivos de alta tecnologia baseados em eletrónica orgânica de sensibilidade máxima e componente inovador utilizável no dia a dia. Desenvolvemos nanofibrilas orgânicas como dispositivo de deteção de fosgénio gasoso letal, deteção de cianeto poluente para a saúde na água, material luminescente para aplicações de escrita sem tinta e de auto-envernizamento, materiais à base de nanofibras para dispositivos de barra transversal para obter memória de acesso aleatório resistiva orgânica (RRAM) e dispositivos de memória de escrita uma vez, leitura muitas vezes (WORM) para base de dados não editável, memória de arquivo, votação eletrónica e aplicações de identificação por radiofrequência (RFID) e materiais inovadores para células solares.[1]

Palavras-chave: Nanomateriais orgânicos. Sensores. Dispositivos de memória. Células solares

Referências:

(a) S. Halder, P. Pandit, N. Chatterjee, D. De Joarder, N. Pramanik, A. Patra, P. K. Maiti, D. K. Maiti, *J. Org. Chem.* **2009**, *74*, 8086-8097.

(b) D. K. Maiti, N. Chatterjee, P. Pandit, S. K. Hota, *Chem. Commun.* **2010**, *46*, 2022-2024.

(c) D. K. Maiti, S. Debnath, M. Nawaz, B. Dey, E. Dinda, D. Roy, S. Ray, A. Mallik, S. A. Hussain, *Sc. Rep.* **2017**, *7*, 13308.

(d) T. Panda, M. K. Panda, D. K. Maiti, *ACS Appl. Mater. Interfaces* **2018**, *10*, 29100-29106.

(e) T. Ghosh, S. Mitra, S. K. Maity e D. K. Maiti, *ACS Applied Nano Materials* **2020**, *3*, 3951-3959.

(f) C. Das, S. Sen, T. Singh, T. Ghosh, S. S. Paul, T.W. Kim, S. Jeon, D. K Maiti, J. Im, G. Biswas, *Nanomaterials* **2020**, *10*, 1615.

(g) T. Ghosh, S. Mondal, R. Maiti, Sk. M. Nawaz, N. Ghosh, E. Dinda, A. Biswas, S. K. Maity, A. Mallik e D. K. Maiti, *Nanotecnologia* **2021**, *32*, 025208.

(h) S. Mitra, S. Ray, N. Ghosh, P. Hota, A. Mukherjee, A. Bagui e D. K. Maiti, *Nanotechnology* **2023**, *34*, 315704.

PL-02: Hidratos de carbono: O Mundo Doce

Balaram Mukhopadhyay

Professor, Sweet Lab, Departamento de Ciências Químicas, Instituto Indiano de Educação e Investigação Científica (IISER), Calcutá, Mohanpur

Correio eletrónico: sugarnet73@hotmail.com, mbalaram@iiserkol.ac.in

Resumo:

As bactérias do ácido lático (BAL) são potenciais probióticos e ajudam a exercer benefícios para a saúde do hospedeiro se forem capazes de penetrar através do trato gastrointestinal (GI). As estirpes *de Lactobacillus mucosae* (*L. mucosae*) são de particular interesse pela sua capacidade de colonizar os nichos da mucosa do hospedeiro. Além disso, verificou-se que algumas estirpes *de L. mucosae* são tolerantes ao ácido e à bílis, o que é a causa da sua sobrevivência no trato GI. Através do seu processo de deteção bacteriana utilizando a sonda do gene de ligação à mucina, Roos *et al.* identificaram pela primeira vez *L. mucosae* como uma nova espécie em 2000.[1] Mais tarde, Stanton *et al.* isolaram a estirpe DPC6426 *de L. mucosae* e demonstraram que esta possui propriedades cardioprotectoras e anti-inflamatórias devido ao seu exopolissacárido (EPS). Por conseguinte, o EPS de *L. mucosae* é um alvo importante para elucidar o mecanismo da sua interação com as células intestinais para modular a resposta imunitária. Recentemente, Laws *et al.* relataram a estrutura do EPS de *L. mucosae* VG1, que consiste em D-galactopiranose e D-glactofuranose.[2] Efectuámos a síntese química total da unidade de repetição hexassacárida do EPS de *L. mucosae* VG1 sob a forma do seu 3-aminopropilglicósido (**1**, **Figura 1**).[3] A estrutura sintética na forma mais pura possível abrirá definitivamente o caminho para mais estudos mecanicistas com este EPS específico e poderá ajudar a elucidar o papel do EPS na resposta imunitária.

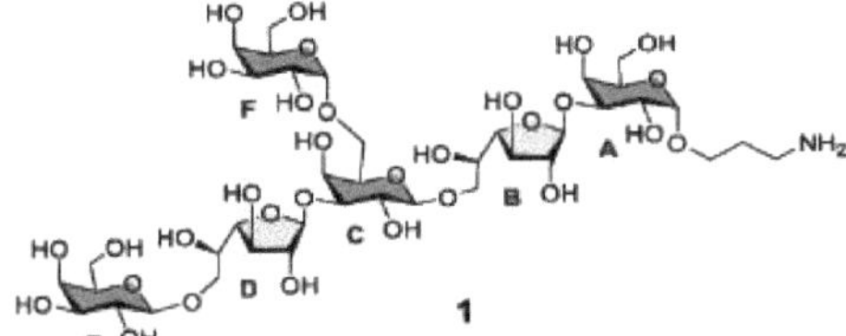

Figura 1: Estrutura do hexasacárido alvo **1**

Para além dos nossos esforços no sentido da síntese total de oligossacáridos bacterianos, estamos a tentar utilizar a multivalência dos hidratos de carbono para desenvolver biomarcadores[4] e a analisar as possibilidades de desenvolver materiais multifuncionais de pequenas moléculas de hidratos de carbono e explorar as propriedades mecânicas dos cristais de hidratos de carbono.[5-8] Estes aspectos serão brevemente abordados.

Referências:

1. Roos, S.; Karner, F.; Axelsson, L.; Jonsson, H. *Int. J. Syst. Evol. Microbiol.* **2014**, *50*, 251-258.
2. Fagunwa, O.; Ahmed, H. I.; Sadik, S.; Humphreys, P. N.; McLay, N.; Laws, A. P. *Carbohydr. Res.* **2019**, *484*, 107781.
3. Adak, A.; Bera, M.; Mukhopadhyay, B. *Org. Lett.* **2023**, *25*, 4711-4714.
4. Das, R.; Mukhopadhyay, B. *Tetrahedron Lett.* **2016**, *57*, 1775-1781.
5. Panda, M. K.; Pal, K. B.; Raj, G.; Jana, R.; Moriwaki, T.; Mukherjee, G. D.; Mukhopadhyay, B.; Naumov, P. *Cryst. Growth Des.* **2017**, *17*, 1759-1765.
6. Pal, K. B.; Mukhopadhyay, B. *ChemistrySelect* **2017**, *2*, 967-974.
7. Mukherjee, S.; Krishna, G. R.; Mukhopadhyay, B.; Reddy, C. M. *Cryst. Eng.*

Comm. **2015**, *17*, 3345-3353.

8.   Mukherjee, S.; Mukhopadhyay, B. *RSC Adv.* **2012**, *2*, 2270-2273.

PL-03: Click Chemistry- Uma Reação Prémio Nobel: O Impacto Crescente na Glicociência

Vinod K. Tiwari

Departamento de Química, Instituto de Ciências, Universidade Banaras Hindu, Varanasi-221005, ÍNDIA

Correio eletrónico: Tiwari chem@yahoo.co. in; Vinod. Tiwari@bhu.ac.in

Resumo:

A compreensão clara do papel dos hidratos de carbono em vários eventos biológicos importantes levou a uma maior procura destes para investigações químicas, biológicas e farmacológicas completas. Logo após a descoberta da "CuAAC - Click Chemistry" por K B Sharpless e M Meldal em 2002, esta reação regiosselectiva e modular tem recebido um interesse considerável e é amplamente explorada em vários campos emergentes.[1] Basta dizer clique - e as moléculas podem ser acopladas através do triazol como um ligante biologicamente imperativo. O protocolo alcançou o mais alto reconhecimento, ou seja, o "Prémio Nobel da Química para o ano de 2022" atribuído a C R Bertozzi, K B Sharpless e M Meldal pelo *desenvolvimento da química de clique e da química biortogonal*. Bertozzi elevou esta ferramenta a uma nova dimensão ao utilizá-la em organismos vivos,[2] uma perceção amplamente explorada em biologia. Através da utilização desta ferramenta CuAAC regiosselectiva, foram envidados enormes esforços para fornecer uma gama diversificada de arquitecturas moleculares desejadas, dependentes de triazóis. Neste contexto, a síntese e a bioatividade de diversos glicohíbridos e glicodendrímeros obtidos no meu laboratório[3-7] serão apresentadas em grande detalhe.

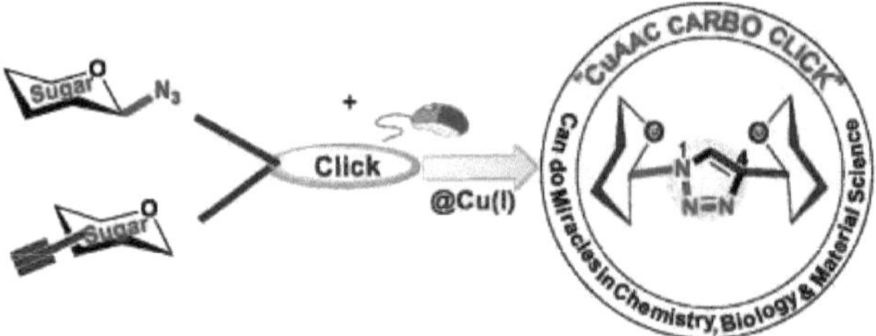

Agradecimentos: SERB, Nova Deli e IoE-BHU

Referências:

1.   (a) V V Rostovtsev, L G Green, V V Fokin, K B Sharpless, *Angew Chem Int Ed.* **2002**, *41*, 2596; (b) C W Tornoe, C Christensen, M Meldal, *J. Org. Chem.*, **2002**, *67*. 3057.

2.   N J Agard, J A Prescher, C R Bertozzi, *J. Am. Chem. Soc.*, **2004**, *126*, 15046.

3.   (a) V K Tiwari, *Chem. Rec.*, **2021**, *21*, 3029; (b) Tiwari, *et al.*, *Chem Rev.*, **2016**, *116*, 3086; (c) V K Tiwari et al., *Chem. Rev.*, **2021**, *121*, 7638; (d) M K Jaiswal, V K Tiwari, *Chem. Rec.* **2023**, no prelo.

4.   (a) V K Tiwari *et al, Org. Lett.* **2012**, *14*, 2936; (b) V K Tiwari et al., *Carbohyd.*

Res. **2014**, 399, 2.

5. (a) K B Mishra, V K Tiwari, *J. Org. Chem.* **2014**, *79*, 5752; d) A Mishra, V K Tiwari, *J. Org. Chem.* **2015**, *80*, 4869; c) D Kushwaha, V K Tiwari, *J. Org. Chem.,* **2013**, *78*, 8184.

6. (a) V K Tiwari et al., *New J. Chem.*, **2019**, *43*, 12475; (b) V K Tiwari et al., *New J. Chem.* **2020**, *44*, 19300; (c) V K Tiwari et al., *RSC Adv.* **2020**, 10, 31553; (d) V K Tiwari *et al., Sc. Rep.*, **2020**, *10*, 3586; e) V K Tiwari et al., *Sc. Rep.* **2020**, 14204; f) V K Tiwari et al., *Carbohyd. Res.* **2021**, *508*, 108403; (g) V K Tiwari et al., *Carbohydr. Res.*, **2023**, no prelo; (h) V K Tiwari et al., *Chem. Biodiv.*, **2023**, no prelo; (i) V K Tiwari et al., *Chem. Eur J.*, **2023,** no prelo.

7. (a) V K Tiwari *et al. ACS Comb. Sc.*, **2019**, *21*, 389; (b) Tiwari et al. *J. Org. Chem.*, **2021**, *86*, 17884; (c) V K Tiwari *et al, J. Org. Chem.*, **2022**, *87*, 15389; d) V K Tiwari et al., *J. Org. Chem.,* **2023**, 88, 13440.

PL-04: Perspectivas da Química de Carboxilatos Metálicos: Síntese, Estrutura e Exploração de algumas Propriedades

Smriti Rekha Boruah, Maitri Bhattacharjee, Susanta Das Baishnab, Baptu Saha e R. N. Dutta Purkayastha*

Departamento de Química, Universidade de Tripura, Suryamaninagar-799022, Tripura Ocidental.

Resumo:

Os ácidos carboxílicos são ligandos importantes e desempenham um papel fundamental em vários processos biológicos fundamentais. Os carboxilatos metálicos são de importância significativa devido à sua relevância na catálise, magnetoquímica, terapêutica, ótica não linear e química inorgânica biológica. Entre os carboxilatos de metais de transição 3d, os compostos de carboxilato de cobre têm sido amplamente estudados devido às suas caraterísticas estruturais fascinantes, propriedades magnéticas e biológicas e potenciais aplicações em terapêutica, processos de adsorção/dessorção, materiais ópticos e magnéticos. Para além dos carboxilatos de cobre, os carboxilatos de zinco são também de grande interesse devido ao seu papel em sistemas biológicos, catálise, sensores, adsorção, materiais magnéticos e bioquímicos. O principal objetivo do presente trabalho é alargar a família de derivados de carboxilatos de cobre(II) e zinco(II) que incorporam ligandos doadores N/O. É dada especial ênfase à determinação das propriedades biológicas, para além de terem sido exploradas as propriedades de adsorção de corantes e de deteção de alguns dos compostos. Além disso, foi conseguida a síntese assistida por carboxilato de complexos de decavanadato contendo porções orgânicas catiónicas. Foram efectuados estudos teóricos dos compostos obtidos para explicar as suas caraterísticas estruturais.

Referências:

1. Síntese, caraterização, capacidade de ligação ao ADN, citotoxicidade in vitro, propriedades electroquímicas e estudos teóricos de complexos de carboxilato de cobre(II), M. Bhattacharjee, Smriti Rekha Boruah , R.N. Dutta Purkayastha, D Maiti, A. Franconetti, A. Frontera, A. M. Kirillov, S. Chowdhury, S. Roy, P. Nath, **Inorganica Chimica Ata, 518, 2021, 120235**

2. Síntese, caraterização estrutural, interação com o ADN, propriedades de adsorção de corantes e estudos teóricos de carboxilatos de cobre (II) B. Saha , M. Bhattacharjeea , Smriti Rekha Boruah , R. N Dutta Purkayastha, R. M Gomila, S. Chowdhury, A. Mandal, A. Frontera **J. Molecular Structure, 1272, 2023, 134104**

3. Perspectivas de Síntese, Estrutura Cristalina, Bioatividade e Estudos Computacionais de Carboxilatos de Cu(II) e Zn(II) Contendo Aminopiridina ,Smriti Rekha Boruah, M. Bhattacharjee, R.N. Dutta Purkayastha, S. Modak, T. Aktar, D. Maiti, L. Sieron W. Maniukiewicz, R. M. Gomila, A. Frontera, **Chemistry Select, doi.org/10.1002/slct.202204937, 2023.**

4. Estruturas de raios X, estudo da teoria do funcional da densidade, capacidade de ligação ao ADN e comportamento de micelização de aniões de decavanadatos que contêm porções orgânicas catiónicas, Susanta Das Baishnab , R.N. Dutta Purkayastha , Waldemar Maniukiewicz, Rosa M. Gomila, Antonio Frontera , **Inorganica Chimica Ata, 559, 2024, 121770**

PL-05: Triterpenóides: Isolamento, caraterização e sua reação transformadora

Pranab Ghosh

Laboratório de Química de Produtos Naturais e Polímeros, Departamento de Química, Universidade de Bengala do Norte, Darjeeling, 734013, Índia
Endereço de correio eletrónico: pizy12@yahoo.com

Resumo:

Os artigos de investigação em curso documentam a interessante atividade biológica e as perspectivas farmacológicas dos triterpenóides pentacíclicos de esqueleto lupano. São muito apreciados pela sua atividade anti-HIV-1 e citotoxicidade específica contra uma variedade de linhas de células tumorais. Nos últimos anos, também estamos ativamente empenhados no isolamento e caraterização de vários triterpenóides pentacíclicos. Como consequência, isolámos triterpenóides de extractos de diferentes plantas disponíveis na região do sopé de Darjeeling. Por exemplo, os extractos em éter de petróleo (60-80° C) da casca da cortiça *de Quercus suber* (friedelina, cerina), os extractos em tolueno da casca de *Biscofia javanica* (ácido betulínico), *Xanthoxylum budrunga* (lupeol), os extractos em metanol da casca de *Gynocordia odorata* (ácido tricadénico, odolactona, odolactona), extractos metanólicos da casca de *Sapium baccatum* (baccatina, taraxerona), extractos de tolueno da casca exterior de *Sapium sebiferum* (moretenol), extractos de tolueno da folha de *Psidium guajava* (ácido betulínico), extractos metanólicos da casca exterior de *Schleichera oleosa* (ácido tricadénico, taraxerona), etc. **(esquema 1). (Esquema 1).**

Esquema 1

Como também foi isolado um grande número de triterpenóides de estruturas conhecidas, estes compostos foram utilizados pelo nosso grupo em sínteses parciais e reacções de transformação, durante as quais foram observados e publicados um bom número de resultados em revistas nacionais e internacionais e outros estão em vias de publicação. Alguns deles serão discutidos no ARCS - 2023.

Referências:

1. K. H. Lee, *J. Nat. Prod.* **2010**, *73*, 500.
2. Z. Danz, W. Lai, K. Qian, P. Ho, K. H. Lee, C. H. Chen, L. Huang, *J. Med. Chem.* **2009**, *52*, 7887.

IL-01: Engenharia de cristais de sólidos de coordenação metal-orgânicos: Explorando Sínteses Não-Covalentes Orientadoras de Estrutura

Manjit K. Bhattacharyya

Professor, Departamento de Química, Universidade de Cotton, Guwahati, Assam, Índia
Correio eletrónico: manjit.bhattachryya@cottonuniversity.ac.in

Resumo:

A engenharia de compostos metal-orgânicos com base em sintetizadores supramoleculares tem suscitado um interesse de investigação considerável no desenvolvimento de conjuntos supramoleculares fascinantes [1]. Os sintetizadores supramoleculares podem ser descritos como arranjos espaciais de interações não covalentes que desempenham um papel crucial na engenharia de cristais [2]. Os compostos multicomponentes, definidos como compostos cristalinos com pelo menos dois componentes (átomos, iões ou moléculas), também têm recebido uma atenção notável na química metal-orgânica devido às suas inúmeras aplicações potenciais numa vasta gama de domínios [3]. Os sintetizadores não covalentes recentemente explorados, nomeadamente as interações pi- e sigma-hole, foram considerados importantes para a associação molecular [4]. Os estudos experimentais, auxiliados por cálculos teóricos, fornecem evidências frutuosas em apoio de tais sintetizadores não covalentes orientadores da estrutura, explorando novas vias na engenharia de cristais.

Já relatámos vários sintetizadores não covalentes invulgares que orientam a topologia estrutural de compostos de coordenação metal-orgânicos multicomponentes [5]. Os sintetizadores de buracos sigma e pi, energeticamente significativos, observados nas estruturas dos compostos, acrescentam novas dimensões à engenharia cristalina dos compostos metal-orgânicos [6]. Foram exploradas as capacidades de orientação da estrutura e as caraterísticas energéticas de algumas interações não covalentes invulgares, tais como nitrilo-nitrilo, sintetizadores de ligação H assistidos por carga e antielectrostáticos [7]. Além disso, confirmou-se que conjuntos fascinantes envolvendo ligações halogéneas não convencionais de "carga invertida", ligações calcogéneas e matrizes de ligações H relevantes para o ADN são sintetizadores não covalentes orientadores da estrutura de alguns sólidos de coordenação [8].

Referências:

1. Desiraju, G. R.; *Angew. Chem. Int. Ed. Engl.* **1995**, *34*, 2311.

2. Maity, T.; Mandal, H.; Bauza, A.; Samanta, B. C.; Frontera, A. Seth, S. K.; *New J. Chem.*, **2018**, *42*, 10202.

3. (a) Nath, H.; Dutta, D.; Sharma, P.; Frontera, A.; Verma, A. K.; Barcelo-Oliver, M.; Devi, M.; Bhattacharyya, M. K. *Dalton Trans.* **2020**, *49*, 9863; (b) Bhattacharyya, M. K.; Dutta, K. K.; Sharma, P.; Gomila, R. M.; Barcelo-Oliver, M.; Frontera, A. *Crystals* **2023**, *13*, 837.

4. Bhattacharyya, M. K.; Saha, U.; Dutta, D.; Das, A.; Verma, A. K.; Frontera, A. *RSC Adv.* **2019**, *9*, 16339.

5. (a) Baishya, T.; Gomila, R. M.; Frontera, A.; Barcelo-Oliver, M.; Verma, A. K.; Bhattacharyya, M. K. *Polyhedron* **2023**, *230*, 116243; (b) Sharma, P.; Gogoi, A.; Verma, A. K.; Frontera, A.; Bhattacharyya, M. K. *New J. Chem.* **2020**, *44*, 5473.

6. (a) Bhattacharyya, M. K.; Gogoi, A.; Chetry, S.; Dutta, D.; Verma, A. K.; Sarma, B.; Franconetti, A.; Frontera, A. *J. Inorg. Biochem.* **2019**, *200*, 110803; (b) Sharma, P.; Baishya, T.; Gomila, R. M.; Frontera, A.; Barcelo-Oliver, M.; Verma, A. K.; Das, J.; Bhattacharyya, M. K. *New J. Chem.* **2022**, *56*, 8798.

7. Das, A.; Sharma, P.; Gomila, R. M.; Frontera, A.; Verma, A. K.; Sarma, B.; Bhattacharyya, M. K. *Polyhedron* **2022**, *213*, 115632.

8. Sarma, P.; Sharma, P.; Gomila, R. M.; Frontera, A.; Barcelo-Oliver, M.; Verma, A. K.; Baruwa, B.; Bhattacharyya, M. K. *J. Mol. Struct.* **2022**, *1250*, 131883.

IL-02: Conceção de materiais de eléctrodos para armazenamento eletroquímico de energia em eletrólito aquoso

Debajyoti Mahanta

Professor Associado, Departamento de Química, Universidade de Gauhati, Guwahati, Assam

Resumo:

O armazenamento eletroquímico de energia (EES) é uma tecnologia dominante no armazenamento de energia contemporâneo, com uma utilização generalizada. Exemplos proeminentes de dispositivos modernos de armazenamento de energia, como a bateria de iões de lítio (LIB) ou os condensadores electroquímicos comerciais (EC), utilizam predominantemente electrólitos orgânicos. A preferência por electrólitos orgânicos é atribuída principalmente à sua janela de potencial de trabalho mais ampla em comparação com os electrólitos aquosos. Apesar disso, os electrólitos aquosos oferecem vantagens distintas, incluindo uma maior segurança, uma boa relação custo-eficácia e uma maior condutividade iónica. A nossa abordagem consiste na conceção de materiais de eléctrodos especificamente adaptados aos sistemas aquosos de armazenamento de energia. Estes materiais são compostos por carbono, óxidos metálicos e polímeros condutores. O nosso objetivo é investigar de forma abrangente o impacto da estrutura e morfologia destes materiais de eléctrodos nas suas propriedades electroquímicas. Esta investigação é conduzida através da utilização de um material e de técnicas de caraterização eletroquímica.

Referências:

1. S. Yeasmin, M. Bora, B. K. Saikia, D. Mahanta, "Binder mediated enhanced electrochemical capacitance in sodium silicate-graphite paint coated filter paper electrodes for all-solid-state symmetric electrochemical capacitors" J Energy Storage 2023, 73, 108945.

2. P. Baruah, B. K. Das, D. Kashyap, D. Mahanta, "Esfera de carbono macio derivada de açúcar revestida de polianilina como material de elétrodo em supercapacitores simétricos de estado sólido com estabilidade cíclica melhorada" Mater. Today Commun.2023, 33, 104219.

3. G. Konwar, S. Deka, D. Mahanta, "Template free one step synthesis of polyindole microspheres for binder-less electrochemical capacitors" Journal of Energy Storage, 2023, 62, 106847.

4. P. Baruah, B. K. Das, M. Bora, B. K. Saikia, D. Mahanta, "Esferas de carbono derivadas de açúcar preparadas hidrotermicamente para capacitores eletroquímicos simétricos de estado totalmente sólido" Mater. Today Commun.2022, 35, 105736.

IL-03: Síntese Diastereoselectiva de cis-Fusedbis-Cromanos/Tetrahidroquinolinas/Tetralinas via Tandem Semi-pinacol Rearranjo/Ciclização de Friedel-Crafts dupla

Arup Jyoti Das e Sajal Kumar Das*

Departamento de Ciências Químicas, Universidade de Tezpur, Tezpur, Assam, Índia-784028

Resumo:

As estruturas de cromano, tetrahidroquinolina e tetralina fazem parte das estruturas moleculares de uma vasta gama de produtos naturais e moléculas sintéticas que exibem um amplo espetro de bioactividades. Devido às suas enormes utilidades sintéticas e farmacológicas, estes heterociclos tornaram-se importantes alvos sintéticos para os químicos orgânicos e medicinais. No entanto, a fusão de quaisquer dois destes esquemas privilegiados numa única molécula, que pode fornecer uma fonte de novos compostos líderes, permanece menos estudada e é, portanto, altamente desejável. Nesta linha, desenvolvemos uma via eficiente para a síntese diastereoselectiva de hexahidrobenzo[c]fenantrenos e dos seus análogos cromanos e tetrahidroquinolinas, utilizando uma alquilação dominó semi-pinacol - dupla alquilação de Friedel-Crafts como passo chave (Figura 1).

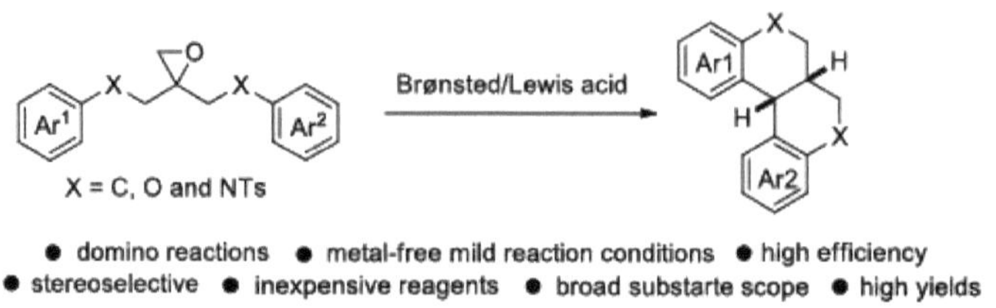

The structure shows a reaction scheme with Brønsted/Lewis acid as the reagent.

Figure 1

* reacções dominó - condições de reação suaves sem metais - elevada eficiência - estereosselectividade - reagentes baratos - amplo âmbito de aplicação - rendimentos elevados

Figura 1

Os estudos sintéticos pormenorizados relativos a estas moléculas concetualmente novas e arquitetonicamente interessantes serão apresentados na conferência.

Resumo

A utilização de resíduos agrícolas em materiais recicláveis constitui um meio sustentável para o desenvolvimento de catalisadores heterogéneos rentáveis, bem como de nanomateriais, no interesse dos investigadores actuais. No contexto do ambiente, os resíduos agrícolas foram convertidos em catalisadores heterogéneos para a produção de biocombustíveis como produtos químicos de valor acrescentado e o extrato aquoso de resíduos agrícolas foi utilizado como agente precipitante ecológico na síntese de nanomateriais para a degradação de corantes têxteis. A confiança no facto de os materiais verdes e recicláveis serem os próximos instrumentos para o desenvolvimento sustentável em termos de energia renovável e tecnologia limpa. O trabalho pormenorizado será discutido durante a apresentação.

Palavras-chave: Resíduos agrícolas, Extrato aquoso, Nanomateriais, Catalisador heterogéneo, Produtos químicos de valor acrescentado e Degradação de corantes

*** Introdução**

A população em rápido crescimento consumiu grandes quantidades de alimentos, energia, rações, fibras e outros recursos, o que resultou em enormes quantidades de resíduos. Os resíduos depositados em aterros sanitários causam problemas graves, como a emissão de gases com efeito de estufa, a contaminação das superfícies e das águas subterrâneas e a emissão de odores. Transformar os resíduos noutros derivados valiosos através de métodos físicos e químicos adequados parece ser uma tarefa muito apelativa e desafiante no domínio da sustentabilidade ambiental[1]. Por conseguinte, a reciclagem de materiais residuais utilizados para a transformação química e a síntese de biodiesel tornou-se uma área de investigação importante. As cinzas de biomassas e os seus extractos foram

Resumo:

Neste trabalho, investigámos as propriedades de armazenamento de hidrogénio do grafeno decorado com Sc, utilizando o método da teoria do funcional da densidade. O Sc foi adsorvido na posição oca do grafeno com uma energia de ligação de -2,19 eV.

A análise da energia de adsorção revelou que um único grafeno decorado com Sc pode ligar-se a 5 moléculas de H2 com uma energia de adsorção média de -0,47 ev/H2, que se situa no intervalo do objetivo do DOE dos EUA para o armazenamento reversível de hidrogénio. A temperatura de dessorção do material foi determinada em 601 K, utilizando a equação de van't Hoff. Com base nestes resultados, o nosso material hospedeiro pode ser utilizado como material de armazenamento de hidrogénio.

Palavras-chave: DFT, armazenamento de hidrogénio, grafeno, interação de Kubas, adsorção.

*** Introdução:**

O armazenamento de hidrogénio é essencial em aplicações de energia limpa, predominantemente na transição para fontes de energia sustentáveis e renováveis [1]. O hidrogénio é um vetor energético promissor devido à sua elevada densidade de massa e energia e à sua versatilidade. Pode ser produzido a partir de várias fontes renováveis, como a eletrólise da água alimentada por energia solar ou eólica, o que o torna amigo do ambiente [2,3]. Para cumprir o requisito de fabricar veículos movidos a hidrogénio, o Departamento de Energia dos EUA (DOE) deu algumas orientações sobre as necessidades de armazenamento de hidrogénio. O DOE estabeleceu o objetivo de obter uma capacidade de armazenamento gravimétrico de hidrogénio de 5,5 wt% até 2025.

No entanto, o objetivo final é atingir uma capacidade de armazenamento de 6,5 wt% [4-7]. No entanto, o hidrogénio é um gás de baixa densidade e requer métodos de armazenamento eficientes para

Resumo:

A ressonância plasmónica de superfície localizada é um fenómeno em que os electrões da banda de condução oscilam de forma coerente na interação com uma radiação electromagnética. A banda LSPR aparece para as nanopartículas tipicamente maiores do que 3 nm de diâmetro. Para as partículas de menor dimensão (nanoclusters), não se observa qualquer banda LSPR. Foram preparados nanoclusters de ouro "não plasmónicos" estabilizados com tiol através do método Brust-Schffirin, que se caracterizam pela ausência de uma forte banda de absorção na região do visível. A agregação foi induzida pela variação do agente estabilizador. O aparecimento gradual da banda de plasmon é observado. Foi estudada a interação dos nanoclusters, dos seus agregados e das partículas de maiores dimensões com a radiação electromagnética.

*** Introdução:**

A ressonância plasmónica de superfície localizada (LSPR) é um fenómeno observado no caso de nanopartículas metálicas em que os electrões da banda de condução oscilam coerentemente sob a influência de uma radiação electromagnética. Esta oscilação ressonante conduz a uma forte absorção e dispersão da luz na região do visível, que pode ser regulada alterando o tamanho, a forma e a composição material das nanopartículas. A LSPR tem sido uma área de grande interesse em nanofotónica e nanoóptica devido às suas propriedades ópticas únicas e à sua vasta gama de aplicações, incluindo deteção biológica e química, dispositivos fotovoltaicos, células

21

solares e terapia do cancro. Os primeiros estudos que descrevem a LSPR remontam ao trabalho de Gustav Mie, que em 1908 estabeleceu uma teoria de dispersão para descrever a extinção

IL-04: Conceção de fármacos, síntese e exploração estrutural de precursores farmacêuticos à base de 2-piridona

Ved Prakash Singh*

Departamento de Quimica Industrial, Universidade de Mizoram
Correio eletrónico: vpsingh@mzu.edu.in

Resumo:

As piridonas/piridinas naturais são estruturalmente semelhantes às bases timina e uracilo, e a 2-piridona exibe tautomerização lactama-láctima como as bases timina e uracilo. Os seus derivados sintéticos mostraram diferentes bioactividades e afinidades de ligação com receptores como CDK4, FGFR, p38, etc. 1-3. O anel piridona representa o esqueleto principal de numerosas moléculas bioactivas. Foi sintetizada e caracterizada uma série de análogos e flexímeros à base de piridona utilizando SCXRD, 1HNMR, 13CNMR e espetroscopia de infravermelhos. A auto-montagem da rede supramolecular é estudada com SCXRD e análise de Hirshfeld. Mais importante ainda, a ftalimida e a piridona/piridina de todos os flexímeros podem ligar-se a diferentes receptores e são acedidas com interações de ligação ao ADN utilizando ct-DNA. Alguns compostos apresentaram mudanças de absorção interessantes no estudo de titulação com ct-DNA. O acoplamento molecular *in silico* dos compostos foi avaliado utilizando o software Autodock Vina com o dodecâmero B-DNA (PDB ID: 1BNA). Foi observada uma pontuação de acoplamento que varia entre -7,7 Kcal/Mol e -8,9 Kcal/Mol a partir dos resultados de acoplamento. Todos os resultados são prometedores para que a maioria dos compostos seja objeto de estudo in *vivo/vitro* para desenvolver um novo medicamento.

Figura/Esquema:

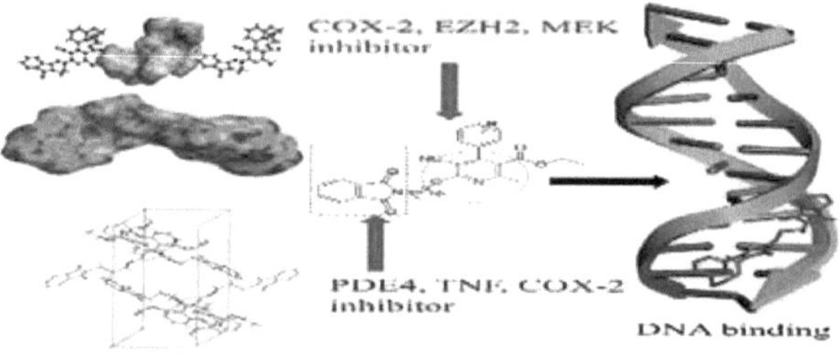

Referências:

1. Dowarah, J.; Marak, B. N.; Sran, B. S.; Shah, P. K.; Shukla, P. K.; Singh, V. P. Síntese de um Fleximer de Ftalimida à base de piridona e sua caraterização e avaliação de propriedades supramoleculares. *ACS Omega, 2022, 7, 28,* 2448524497.
2. Marak, B. N.; Dowarah, J.; Khiangte, L.; Singh, V. P. Uma visão abrangente sobre

o desenvolvimento recente de inibidores da quinase dependente cíclica como agentes anticancerígenos. *Jornal Europeu de Química Medicinal* **2020**, *203*, 112571. https://doi.org/10.1016/j.ejmech.2020.112571.

3. Shaik, A.; Palaniswamy, P.; Thiruvenkatam, V. Investigando Aspectos Estruturais de Derivados de Piridopirimidinona, um Importante Precursor em Química Medicinal. *Journal of Molecular Structure* **2021**, *1224*, 129040. https://doi.org/10.1016/j.molstruc.2020.129040.

IL-05: Desvendando o potencial sintético da 2-aminopiridina: Um herói desconhecido na descoberta de medicamentos

Kaushik Chanda*

Departamento de Química, Universidade Rabindranath Tagore, Hojai-782435, Assam, Índia E-mail: chandakaushikl@gmail.com, kaushikchanda@rtuassam.ac. in

Resumo:

Sabe-se que a síntese de vários compostos biologicamente significativos é facilitada pelo grupo simples, de baixo peso molecular e completamente funcionalizado conhecido como 2-aminopiridina. O objetivo de numerosos laboratórios farmacêuticos em todo o mundo é criar e fornecer moléculas de sucesso com um peso molecular reduzido como farmacóforos contra diversos alvos biológicos. Ao sintetizar e transportar estes compostos em direção aos seus objectivos farmacológicos específicos, a 2-aminopiridina pode atuar como a locomotiva ideal. A principal vantagem desta fração é a sua construção simples de pequenas moléculas, que pesa principalmente um único produto com poucos produtos secundários. Além disso, o peso exato das moléculas geradas é baixo, o que facilita aos químicos medicinais a identificação dos metabolitos que causam toxicidade nos programas de desenvolvimento de medicamentos. Nesta palestra, é apresentada uma breve panorâmica destes farmacóforos feitos a partir da 2-aminopiridina.[1-5]

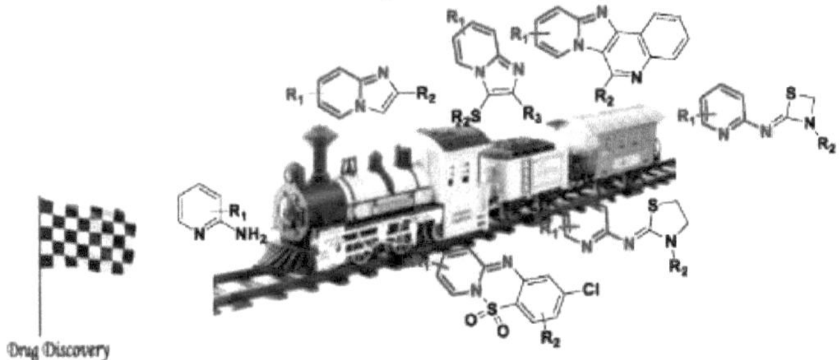

Referências:

1. Jena, S.; Choudhury, B.; Ahmad, M. G.; Balamurali, MM.; **Chanda, K.*** *Spectrochim. Ata - A: Mol. Biomol.* **2023**, *287*, 122081.

2. Rao, R. N.; **Chanda, K.***Chem. Commun.* **2022**, *58*, 343

3. Rajasekhar, S.; Das, S.; Ramanathan, K.; Balamurali, MM.; **Chanda, K.*** *J. Comput. Chem.* **2022**, *43*, 619.

4. Saikia, A. A.; Rao, R. N.; Maiti, B.; Balamurali M. M., **Chanda, K.***. *ACS Comb.*

Sci., **2020**, *22*, 630.

5. Padmaja, R D.; Balamurali, M. M.; Chanda, K.* *J. Org. Chem.*, **2019**, 84, 11382.

IL-06: Materiais recicláveis: Produtos químicos de valor acrescentado e degradação de corantes

Pranjal Kalita

Departamento de Química, Instituto Central de Tecnologia de Kokrajhar (considerado uma universidade pelo Ministério da Educação, Governo da Índia), Kokrajhar, Assam-783370, Índia
Correio eletrónico: p.kalita@cit.ac.in

Resumo:

A utilização de resíduos agrícolas em materiais recicláveis constitui um meio sustentável para o desenvolvimento de catalisadores heterogéneos rentáveis, bem como de nanomateriais, no interesse dos investigadores actuais. No contexto do ambiente, os resíduos agrícolas foram convertidos em catalisadores heterogéneos para a produção de biocombustíveis como produtos químicos de valor acrescentado e o extrato aquoso de resíduos agrícolas foi utilizado como agente precipitante verde na síntese de nanomateriais para a degradação de corantes têxteis. A confiança no facto de os materiais verdes e recicláveis serem os próximos instrumentos para o desenvolvimento sustentável em termos de energias renováveis e tecnologias limpas. O trabalho pormenorizado será discutido durante a apresentação.

Palavras-chave: Resíduos agrícolas, Extrato aquoso, Catalisador heterogéneo, Nanomateriais, Produtos químicos de valor acrescentado e Degradação de corantes.

Referências:

1. D. Brahma, R. R. Wary, B. Nath, M. Banoo, S. Basumatary, U. K. Gautam, M. B. Baruah, P. Kalita, K J Chem. Engg., Aceite, agosto de 2023.

2. R. R. Wary, M. Narzary, B. B. Brahma, D. Brahma, P. Kalita, M. B. Baruah, *ACS Applied Bio Materials* 6 (11), 4645-4661, 2023.

IL-07: Quimiossensor Fluorescente: Síntese, estudos fotofísicos e suas aplicações em bioimagem

T. Sanjoy Singh

Departamento de Química, North-Eastern Hill University, Shillong, Meghalaya -793 022, Índia E-mail: takhelsingh@gmail.com

Resumo:

Neste trabalho, concebemos e sintetizámos com êxito alguns novos quimiossensores fluorescentes duplos à base de bases de Schiff doadoras e aceitadoras, que foram avaliados como sensores colorimétricos para diferentes catiões e como resposta de ativação da fluorescência para alguns iões entre os vários iões metálicos estudados. Após tratamento com Fe^{3+} e Zn^{2+}, a intensidade de absorção, bem como a intensidade de emissão de fluorescência, aumenta drasticamente com uma mudança de cor distinta que permite a deteção a olho nu. Os estudos de fluorescência destes ligandos, bem como dos seus complexos metálicos, revelam que o rendimento quântico aumenta fortemente após a coordenação. A formação de complexos 1:2 metal-ligando foi avaliada utilizando a relação B-H, análises de Job, titulação 1H NMR, bem como análise espetral ESI-Mass. A solução complexa destes quimiossensores com o ião Zn^{2+}

apresentou reversibilidade com EDTA e regenerou o ligando livre para posterior deteção de Zn^{2+}. Estes quimiossensores apresentam uma capacidade de deteção de fluorescência muito boa para o Zn^{2+} numa vasta gama de pH com uma aplicação importante para a deteção de Zn^{2+} em amostras de água reais. Também são úteis e utilizados na construção de portas lógicas INHIBIT e IMPLICATION. As propriedades estruturais e espectrais observadas experimentalmente destes quimiossensores e dos seus complexos metálicos foram comprovadas por cálculos químicos quânticos baseados na teoria do funcional da densidade. Além disso, alguns compostos confirmaram uma baixa toxicidade para as células EAC e foram capazes de detetar os iões intracelulares Zn^{2+} e Al^{3+} ao microscópio de fluorescência. Além disso, este trabalho proporciona uma nova abordagem com uma via sintética economicamente barata e menos complicada para a estimativa selectiva e sensível destes três elementos vestigiais mais abundantes e essenciais no corpo humano.

CAPÍTULO 2

Artigos

A-01: Materiais recicláveis: Produtos químicos de valor acrescentado e degradação de corantes

Pranjal Kalita[II III] , Riu Riu Wary[2] , Sudem Borgayary[1] , Manasi Buzar Baruah[2]

[1] *Departamento de Química, Instituto Central de Tecnologia de Kokrajhar (considerado uma universidade pelo Ministério da Educação, Governo da Índia), Kokrajhar, Assam-783370, Índia*

[2] *Departamento de Física, Instituto Central de Tecnologia de Kokrajhar (considerado uma universidade pelo Ministério da Educação, Governo da Índia), Kokrajhar, Assam-783370, Índia*

[3] **Resumo**

[4] A utilização de resíduos agrícolas em materiais recicláveis constitui um meio sustentável para o desenvolvimento de catalisadores heterogéneos rentáveis, bem como de nanomateriais, no interesse dos investigadores actuais. No contexto do ambiente, os resíduos agrícolas foram convertidos em catalisadores heterogéneos para a produção de biocombustíveis como produtos químicos de valor acrescentado e o extrato aquoso de resíduos agrícolas foi utilizado como agente precipitante ecológico na síntese de nanomateriais para a degradação de corantes têxteis. A confiança no facto de os materiais verdes e recicláveis serem os próximos instrumentos para o desenvolvimento sustentável em termos de energia renovável e tecnologia limpa. O trabalho pormenorizado será discutido durante a apresentação.

[5] **Palavras-chave:** Resíduos agrícolas, Extrato aquoso, Nanomateriais, Catalisador heterogéneo, Produtos químicos de valor acrescentado e Degradação de corantes

[6] I Introdução

[7] *A população em rápido crescimento consumiu grandes quantidades de alimentos, energia, rações, fibras e outros recursos, o que resultou em enormes quantidades de resíduos. Os resíduos depositados em aterros sanitários causam problemas graves, como a emissão de gases com efeito de estufa, a contaminação das superfícies e das águas subterrâneas e a emissão de odores. Transformar os resíduos noutros derivados valiosos através de métodos físicos e químicos adequados parece ser uma tarefa muito apelativa e desafiante no domínio da sustentabilidade ambiental[1]. Por conseguinte, a reciclagem de materiais residuais utilizados para a transformação química e a síntese de biodiesel* <u>*tornou-se uma área de investigação importante. As cinzas de biomassas e os seus extractos foram*</u>

A biomassa é largamente investigada como uma fonte básica para reduzir compostos químicos de base, que têm a sustentabilidade ambiental[1,2]. Juntamente com estas utilizações, a incorporação do grupo -SO3H na superfície das cinzas de biomassa leva à ativação de sítios de ácido de Br0nsted, que é principalmente necessário para a síntese de 5-hidroximetilfurfural (HMF), um químico chave para a produção de ácido 2,5-furano-dicarboxílico (FDCA). Além disso, devido à existência de vários compostos básicos nas cinzas de biomassas, a conceção de nanoestruturas utilizando extractos de água de cinzas de biomassas alargou a utilização de resíduos de biomassa no domínio

.

da síntese de nanomateriais [2]. No entanto, todas as rondas de desenvolvimento de resíduos de biomassa sob a forma de cinzas e extractos na transformação química e na síntese de produtos químicos essenciais, bem como de nanoestruturas, exigem uma investigação intensiva.

Com base na produção e no consumo, neste trabalho, foram selecionados como materiais residuais a casca de castanha de caju e a casca de banana (BP). A cinza da castanha de caju foi utilizada como fonte de carbono para a incorporação do grupo -SO_3H. Devido à presença de compostos de potássio (K) nas cinzas da BP, o seu extrato aquoso foi utilizado como fonte de agentes precipitantes.

2. Metodologia

2.1 Preparação do catalisador

A matéria-prima (cascas de castanha de caju) foi recolhida em Mankachar, Assam. O biochar, a partir da casca da castanha de caju, foi preparado por pirólise a 500° C e designado como CNS. Para a funcionalização do grupo -SO_3H, o CNB foi agitado com H_2SO_4 e aquecido a 120oC durante 8 h. A pasta foi lavada várias vezes e seca para utilização posterior e foi designada como SCNS. A casca de banana (BP) também foi seca e queimada. Para a preparação de nanoestruturas de ZnO, as cinzas de BP foram misturadas com água destilada e as soluções filtradas foram recolhidas e armazenadas. Em seguida, adicionou-se à solução acetato de zinco dissolvido em 10 ml de água destilada e transferiu-se para uma autoclave de aço inoxidável para tratamento hidrotérmico a 130° C durante 12 h. O precipitado final foi recolhido, seco e calcinado a 400OC durante 1 h.

2.2 . Técnica de caraterização

Difração de raios X (XRD), UV-visível (UV-Vis), espetroscopia de infravermelhos com transformada de Fourier (FTIR) e espectros de fotoluminescência (PL), As técnicas de microscopia eletrónica de varrimento por emissão de campo (FE-SEM) e de espetroscopia de dispersão de energia (EDS) foram utilizadas para a caraterização dos materiais, utilizando os modelos Bruker D8 Advance, UV-2600, Shimadzu, FTIR 8201, Shimadzu, e QM08075-21-C, Horiba, JEOLJSM-7610F, respetivamente.

3. Resultados e discussões

3.1 XRD

Os padrões de XRD da casca de castanha de caju crua, da casca de castanha de caju sulfonada, do BP e do ZnO foram mostrados na Fig. 1. Um amplo pico de difração a ~25o foi observado tanto para a casca de castanha de caju crua como para a casca de castanha de caju sulfonada, o que foi consistente com os padrões XRD de materiais à base de carbono (rGO & g-C_3N_4) [3,4] e este resultado indicou a formação de um catalisador de carbono amorfo. Além disso, foram observados vários picos de difração no padrão de XRD da cinza de BP e os picos puderam ser atribuídos a K_2O, KCl e K_2CO_3 e o resultado estava de acordo com a literatura relatada [2,5]. Assim, o resultado confirma a presença de K na cinza de BP em diferentes formas. O padrão XRD do ZnO preparado a partir do extrato aquoso de cinza de BP foi também apresentado na Fig.1. Todos os picos de difração do ZnO suportam a estrutura hexagonal de wurtzite do ZnO, tal como é suportado pelo ficheiro JPDC no. 792205. A ausência de picos adicionais no padrão XRD do ZnO confirmou que o material preparado estava livre de possíveis impurezas. O tamanho dos cristais calculado pela fórmula de Deby Scherrer, tal como referido noutro local, foi de 20 nm [2].

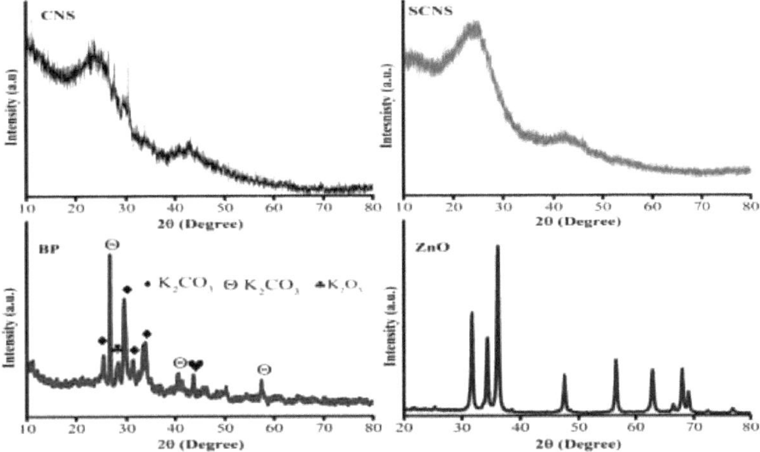

Fig . 1. Padrões de XRD das amostras preparadas.

3.2 FTIR

Os espectros FTIR das cinzas, das cinzas sulfonadas e do ZnO estão representados na Fig. 2. Nas cinzas [Fig. 2], as bandas apareceram a 1248, 1384, 1563 e 1698 cm^{-1} e estas podem ser atribuídas a vibrações de C -O -C, C-OH, C=C e C=O cm^{-1} [2]. No caso da sulfonação da cinza da casca da castanha de caju [Fig. 2(a)], foi observada uma nova banda a 1029 cm^{-1} , que pode ser atribuída a modos de estiramento de ligações O=S=O surgidas do grupo -SO3H, sugerindo uma incorporação bem sucedida do grupo-SO3H na casca da castanha de caju [6]. A banda que aparece na cinza de BP a 467cm^{-1} é a ligação metal-O [2]. A banda a 1063 cm^{-1} foi o resultado da vibração de estiramento de K-O, confirmando a presença de K na cinza de BP [2] e o resultado também foi apoiado pelo padrão XRD da cinza de BP. Um pico acentuado a 445 cm^{-1} confirmou a formação de ZnO, que geralmente aparece devido à vibração de estiramento da ligação Zn-O [2]. Os picos adicionais de ZnO a 1407-1649 cm^{-1} eram provavelmente das espécies de acetato.

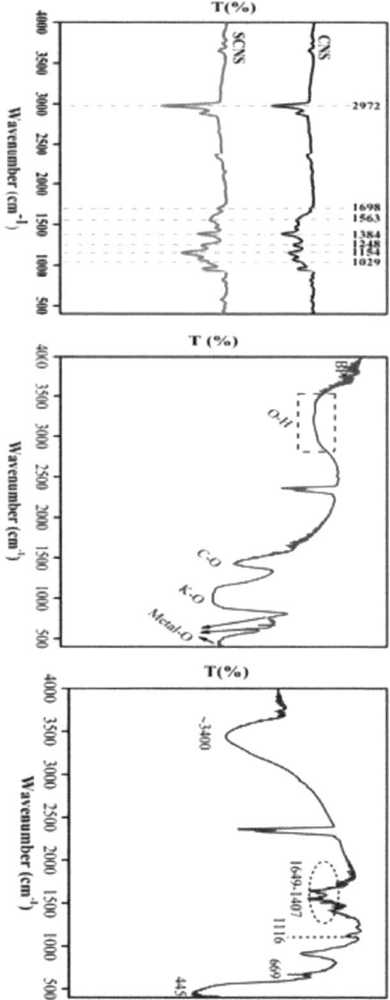

Fig. 2. Espectros FTIR de (a) cinzas de cascas de castanha de caju (b) cinzas de casca de banana e (d) ZnO.

3.3 SEM-EDS

As formas rígidas e não uniformes das cascas de castanha de caju foram observadas por SEM. Os elementos principais C e O foram detectados por EDS [Fig. 3 a,e, b & f]. Foram observadas estruturas em forma de flocos e partículas não uniformes na casca de castanha de caju incorporada com o grupo -SO3H. A presença de C, O e S foi confirmada por análise EDS. A cinza de BP mostrou uma estrutura porosa irregular tipo esponja e foram observados elementos como C, K, O, Mg, Si, P e Ca. O ZnO apresentou estruturas em forma de folha orientadas aleatoriamente, formadas por partículas interligadas e o tamanho médio das partículas era de ~40 nm. A pureza do ZnO foi ainda confirmada por análise EDS.

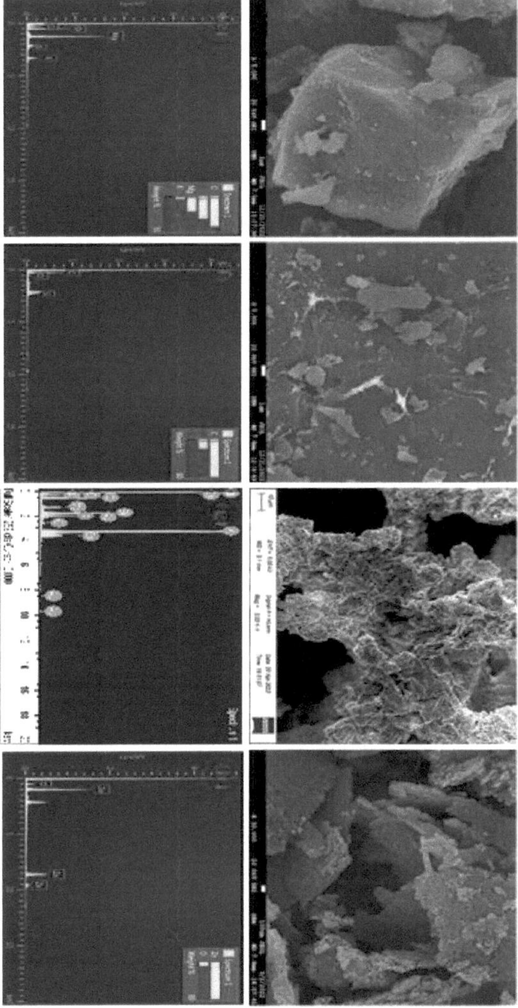

Fig. 3. SEM e EDS de (a,e) CNS, (b,f) SCNS, (c,g) BP, (d,h) ZnO

3.4 UV-Vis e PL

O UV-Visível da amostra de ZnO também foi investigado e mostrado na Fig.4a. O espetro mostrou um limite de absorção a 380 nm, consistente com o trabalho anteriormente relatado. O "band-gap" foi calculado a partir da conhecida fórmula $E_g = 1240/X$, e o valor observado foi de 3,24 eV. O espetro de PL [Fig.3b] mostrou uma banda de emissão fraca a ~382 nm, atribuída à emissão próxima do limite da banda (NBE) [2]. A banda de emissão larga de 400 a 520 nm pode ser atribuída a defeitos nativos do ZnO, tais como vacância de zinco, vacância de oxigénio, intersticial de zinco e oxigénio, etc. [2]. A presença de estados de defeitos entre as bandas de condução e de valência pode comportar-se como um centro de retenção de electrões e buracos, o que proporciona um melhor resultado da atividade fotocatalítica [7].

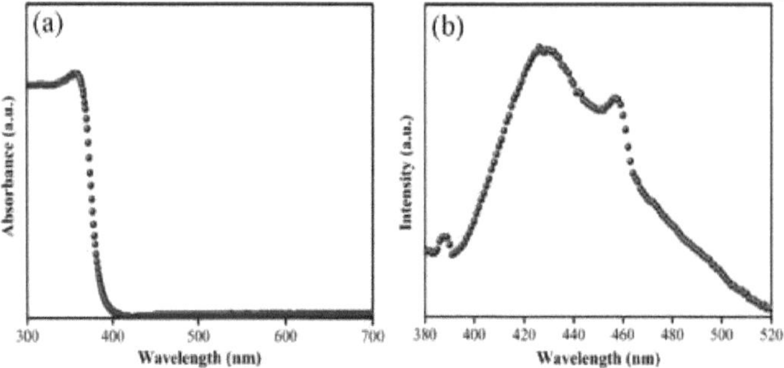

Fig. 4: (a) UV-DRS e (b) espetro PL de ZnO.

3.5 Resultado do teste de atividade

A produção de HMF a partir de frutose utilizando castanha de caju e castanha de caju sulfonada foi apresentada na Tabela 1. O rendimento de HMF da castanha de caju crua é zero, no entanto, houve um rendimento de 92% de HMF utilizando a castanha de caju sulfonada. O resultado sugere que a cinza da casca da castanha de caju sulfonada ácida é um catalisador heterogéneo adequado para a conversão de frutose em HMF pelo processo de desidratação e a heterogeneidade foi ainda confirmada pelo método de filtração a quente [Fig. 5d] (teste de Sheldon) [8]. A atividade fotocatalítica do ZnO foi investigada sob luz solar natural direta utilizando o corante azul de metileno como poluente e o perfil de absorvância foi apresentado na Fig. 5a. No escuro, observou-se uma alteração nos máximos de absorção (663 nm), o que sugere que o equilíbrio de adsorção-dessorção foi atingido aos 30 minutos. Observou-se uma degradação quase completa do corante em 120 minutos, com uma taxa de reação de 0,0306 min^{-1}, o que sugere que se pode preparar um bom fotocatalisador utilizando extrato de água de cinzas.

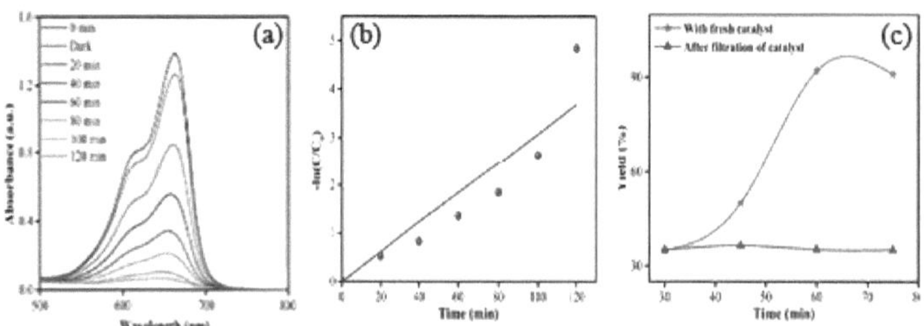

Fig. 5: (a) Espectro de absorção e (b) gráfico da constante de velocidade da degradação do MB em ZnO. (d) Rendimento do teste de Sheldon.

Tabela 1: Efeito do catalisador de castanha de caju e de castanha de caju sulfonada na síntese de
HMF

Catalisador	Reagente	Solvente	Rendimento (%)
CNBC		1 ml de H_2O +	NR
SBC10	Frutose	2 ml de toluene	92

Condições de reação: Frutose (10 mmol,0,18g), 60 mg de catalisador, Temperatura: 120 °C,

Tempo de reação: 60 minutos, NR- sem reação.

4. Conclusões

Em resumo, a casca de castanha de caju sulfonada e a nanoestrutura de ZnO foram preparadas com sucesso através de um método ecológico para um processo sustentável. Os padrões de XRD confirmaram a formação de material à base de carbono da castanha de caju sulfonada e a existência de vários compostos de óxido na cinza de BP. O rendimento satisfatório de HMF do caju sulfonado indica que este pode ser utilizado como um catalisador heterogéneo adequado. Foi observada uma estrutura hexagonal de wurtzite e uma morfologia em forma de folha de ZnO formada por partículas interligadas de tamanho ~40 nm. A formação de uma morfologia em forma de folha com partículas pequenas e com vários defeitos pode ser o resultado da boa atividade fotocatalítica da nanoestrutura de ZnO preparada.

Reconhecimento

Os autores agradecem à University Grants Commission, Nova Deli, Índia, pela atribuição da bolsa de investigação NFST com o n.º 202021-NFST- ASS-02790 a R R Wary. Os autores gostariam de agradecer à Central Instrumentation Facility (CIF), Lovely Professional University, por fornecer a análise FE-SEM. Gostaríamos também de agradecer ao IASST Guwahati pelas técnicas de caraterização XRD, TEM e PL.

Referências

[1] K. Venkateswarlu, Cinzas de resíduos orgânicos como reagentes em química sintética: uma revisão, Environ Chem Lett 19 (2021)3887-3950. https://doi.org/10.1007/s10311-021-01253-4.

[2] R.R. Wary, M. Narzary, B.B. Brahma, D. Brahma, P. Kalita, M. Buzar Baruah, Conceção nanoestrutural de ZnO utilizando um extrato de resíduos agrícolas para um processo sustentável e a sua atividade fotocatalítica, ACS Appl Bio Mater 6 (2023) 4645-4661. https://doi.org/10.1021/acsabm.3c00412.

[3] R.R. Wary, D. Brahma, M. Banoo, U.K. Gautam, P. Kalita, M.B. Baruah, Papel do contacto interfacial entre materiais 2D e nanoestruturas pré-selecionadas na degradação de corantes tóxicos: Facetas multifuncionais do grafeno, Environ Res 214 (2022). https://doi.org/10.1016/j.envres.2022.113948.

[4] R.R. Wary, M. Narzary, S.K. Nikhil, R.G. Nair, P. Kalita, M.B. Baruah, Rational construction of carbon-rich g-C3N4 wrapped over CePO4 nanorods: Fotocatalisador de esquema Z 1D/2D mediado por vacância de oxigénio para remoção do corante

vermelho congo, Colloids Surf A Physicochem Eng Asp 684 (2024). https://doi.org/10.1016/j.colsurfa.2024.133142.

[5] B. Nath, B. Das, P. Kalita, S. Basumatary, Resíduos para adição de valor: Utilização de resíduos da planta Brassica nigra derivada de um novo catalisador de base heterogénea verde para a síntese eficaz de biodiesel, J Clean Prod 239 (2019). https://doi.org/10.1016/j.jclepro.2019.118112.

[6] X. Lyu, H. Li, H. Xiang, Y. Mu, N. Ji, X. Lu, X. Fan, X. Gao, Produção eficiente de energia de 5-hidroximetilfurfural (5-HMF) sobre superestruturas de carbono funcionalizadas de superfície sob irradiação de micro-ondas, Chemical Engineering Journal 428 (2022). https://doi.org/10.1016/j.cej.2021.131143.

[7] A. Das, D. Liu, R.R. Wary, A.S. Vasenko, O. V. Prezhdo, R.G. Nair, Enhancement of Photocatalytic and Photoelectrochemical Performance of ZnO by Mg Doping: Experimental and Density Functional Theory Insights, Journal of Physical Chemistry Letters 14 (2023) 4134-4141. https://doi.org/10.1021/acs.jpclett.3c00736.

[8] J.M. Richardson, C.W. Jones, Forte evidência de catálise em fase de solução associada à lixiviação de paládio de tióis imobilizados durante o acoplamento Heck e Suzuki de iodetos, brometos e cloretos de arila, J Catal 251 (2007) 80-93. https://doi.org/10.1016/j.jcat.2007.07.005.

A-02: Conceção computacional de sensores de gases poluentes com ligas de ródio suportadas em superfícies nuas e carbonosas

Abhijit Dutta[1] , Paritosh Mondal[2]

[1]Departamento de Química, Patharkandi College, Karimganj 788724, Assam, Índia [2] Departamento de Química, Universidade de Assam, Silchar 788011, Assam, Índia
Correio eletrónico: adutta. chem89@gmail. com

Resumo:

Foi efectuada uma investigação funcional da densidade no aglomerado Rh_3M (M = Si, S) de tamanho finito, nu e suportado por biochar, derivado do aglomerado mágico Rh_4. Verificou-se que os gases CO_2 e NO_2 são altamente adsorvidos em Rh_3M nu e suportado em biochar, o que é confirmado pelo comprimento da ligação e pela energia de adsorção. Os aglomerados mistos de ligas de ródio suportados em biochar apresentam uma capacidade muito maior de detetar CO_2 e NO_2 do que os aglomerados simples. O Rh_3M dopado com superfície carbonosa apresenta uma maior atividade catalítica para a ativação de CO_2 e NO_2 em comparação com o Rh_3M simples.

Palavras chave- Ródio, Liga, CO_2, NO_2, Biochar, DFT

Introdução:

Nos últimos anos, os aglomerados mais pequenos têm sido extensivamente estudados devido ao seu papel crucial na determinação das vantagens de uma vasta gama de sistemas, por exemplo, no fabrico de materiais de gravação de alta densidade,[1] sensor[2] , em aplicações biomédicas,[3] e também no fabrico de dispositivos catalíticos[4] . Ajustando o tamanho, a geometria, a carga e a composição química, a reatividade dos aglomerados de metais de transição também pode ser modificada. Os aglomerados atómicos ou as ligas são muito úteis para a adsorção de diferentes moléculas. A reação de oxidação do CO a baixas temperaturas em pequenos aglomerados de ouro foi investigada por Burgel *et al.*[5] . Hanmura e colaboradores[6] descobriram que a adição de átomos de hidrogénio a pequenos aglomerados de cobalto leva a um aumento da reatividade de adsorção de NO. Swart e os seus colaboradores[7] verificaram que a molécula de CO se liga sem danos a aglomerados de vanádio cobertos de hidrogénio, mas que se dissocia quando é adsorvida em aglomerados simples. Anderson *et al.*[8] bem como Ford e colaboradores[9] investigaram que os aglomerados de Rh_n carregados dissociam o NO após a adsorção. Os metais de transição como o ródio, a platina e o paládio desempenham um papel vital na catálise, nomeadamente na redução do óxido nítrico, na oxidação do CO e dos hidrocarbonetos não queimados no conversor automóvel.[10, 11] O ródio metálico é sempre escolhido em detrimento da platina e do paládio devido à sua comoção catalítica desenvolvida para a redução do NO em N2, devido ao seu preço.[12, 13] O aquecimento global é um problema importante atualmente. A raiz deste problema é a emissão excessiva de CO_2 para a atmosfera. Estas emissões excessivas podem ser controladas através da redução do CO_2 na atmosfera. Um dos esquemas possíveis para o consumo de CO_2 é a conversão de CO_2 em metanol através do processo de hidrogenação. O metanol pode ser utilizado como combustível líquido adequado para um motor de combustão interna e em células de combustível de metanol direto (DMFC).[14] Além disso, o metanol também constitui uma forma eficiente de armazenar átomos de hidrogénio. 1[5, 16] A exposição crónica ao NO2 pode causar efeitos respiratórios, incluindo inflamação das vias respiratórias em pessoas saudáveis. O NO2 está também na base da irritação ocular e agrava o estado das vias respiratórias, conduzindo ao aumento dos problemas respiratórios, especialmente a asma.[17] - **Como** poluente ambiental, o NO2 é altamente nocivo, causando smog fotoquímico e chuva ácida. Vários tipos de sensores de NO2 foram desenvolvidos por diferentes grupos de investigação. [18-20] Os materiais nanoestruturados, como os nanotubos, o grafeno e os nanoclusters, foram introduzidos como adsorventes de gás ou como sensores químicos devido à sua elevada relação superfície/volume e às suas propriedades electrónicas sensíveis. A adsorção de NO2 por nanotubos de carbono (CNT) foi investigada teórica e experimentalmente em pormenor. [21, 22] Valentini *et al.*[21] indicaram que os CNT podem detetar concentrações de NO2 até 10 ppb. Uma vez que as propriedades electrónicas dos CNT dependem principalmente da quiralidade e do diâmetro dos tubos, é muito difícil separar os nanotubos com as propriedades electrónicas desejadas. [22] Os aglomerados de nanoligas apresentam estruturas e propriedades distintas das dos aglomerados elementares puros. Neste manuscrito, investiga-se a adsorção de CO_2 e NO2 por clusters de ligas à base de ródio suportados em biochar carbonoso.

Pormenores computacionais:

Todos os aglomerados de ligas simples e suportados são optimizados utilizando o programa DMol3 com um conjunto de bases de polarização numérica dupla (DNP).[23, 24] Os cálculos DFT são efectuados em GGA com o funcional de correlação de troca

BLYP[25, 26] . O conjunto de bases DNP[27] é escolhido para a otimização da geometria. Os cálculos relativísticos são muito importantes para os átomos de metais pesados. Assim, todas as correcções relativistas dos electrões nas orbitais de valência *através de* um pseudopotencial local são incorporadas no método DIIS sem quaisquer restrições de simetria. Os procedimentos SCF são considerados com um critério de convergência de energia 1×10^{-5} Ha com gradiente de força máximo 2×10^{-3} Ha A^{-1} e convergência de deslocamento 5×10^{-3} A na energia total e 10^{-6} a.u. na densidade eletrónica são as condições de fronteira consideradas para esta investigação. Os cálculos de frequência vibracional são efectuados para garantir mínimos de energia. A correção da energia vibracional do ponto zero é incluída em todas as energias calculadas. A energia de adsorção dos aglomerados de gás adsorvidos é obtida a partir das seguintes equações.

Energia de adsorção = E (aglomerado nu) + E(COi/NOi) - E (aglomerado nu-CO2/NO2aduto)

Energia de adsorção = E (BC) + E (aglomerado nu) + E(COi/NOi) - E (BC@ aglomerado nu- CO2/NO2aduto)

E (aglomerado nu), E(CO2/NO2), E (aglomerado nu - aduto CO2/NO2) e E (BC@ aglomerado nu - aduto CO2/NO2) são as energias do aglomerado nu, da molécula CO2/NO2, do aglomerado adsorvido CO2/NO2 e do aglomerado suportado BC adsorvido CO2/NO2, respetivamente.

Resultados e discussão:

Parâmetros geométricos dos aglomerados de Rh3Si e Rh3S adsorvidos com NO2 e CO2

Os aglomerados Rh3Si e Rh3S são obtidos a partir do aglomerado mágico Rh4[28] através da substituição de um átomo de Rh por um átomo de Si ou S. As estruturas de estado fundamental dos aglomerados Rh3Si e Rh3S adsorvidos de NO2 e CO2 são mencionadas na Fig. 1. O comprimento de ligação avaliado por DFT e os valores de energia de adsorção de CO2 e NO2 adsorvidos nos aglomerados puros e de liga são citados na Tabela 1. O comprimento da ligação Rh-Rh dos aglomerados de Rh3Si e Rh3S adsorvidos com NO2 e CO2 situa-se no intervalo de 2,456-2,496 A. Os comprimentos Rh-NO e Rh-CO situam-se no intervalo de (1,921-1,938) A e (1,957-1,987) A, respetivamente. A energia de adsorção dos aglomerados adsorvidos de NO2 é superior à das ligas adsorvidas de CO2. Os aglomerados dopados com Si ou S apresentam um valor mais elevado de energia de adsorção para os gases NO2 e CO2 do que o Rh4 puro. O comprimento da ligação C-O das ligas adsorvidas com CO2 é superior ao do Rh4 adsorvido com CO2. Enquanto que o comprimento da ligação N-O dos aglomerados adsorvidos de NO2 é inferior ao comprimento da ligação N-O do Rh4NO2. Isto significa que os aglomerados de liga apresentam uma maior ativação de C-O do que de N-O. O intervalo LUMO-HOMO de Rh4NO2 e Rh4NO2 é de 0,082 e 0,743, respetivamente. Com a dopagem de Si ou S, o intervalo LUMO-HOMO do aglomerado adsorvido de gás aumentou, o que significa uma maior estabilidade do aglomerado Rh3Si e Rh3S adsorvido de NO2 e CO2.

Tabela 1: Parâmetros estruturais e energéticos avaliados por DFT dos aglomerados de CO2 e NO2 adsorvidos puros e em liga

Gás adsorvido em grupos	Rh-Rh (A)	Rh-NO (A)	N-O (A)	Energia de adsorção (eV)	Diferença LUMO-HOMO [eV]
NO2-Rh4	2.487	1.938	1.269	1.95	0.082
NO2-RhsSi	2.483	1.921	1.260	1.98	0.091
NO2-Rh3S	2.456	1.924	1.249	2.01	0.098
Gás adsorvido em grupos	Rh-Rh (A)	Rh-CO (A)	C-O (A)	Energia de adsorção (eV)	
CO2-Rh4	2.496	1.957	1.242	0.65	0.743
CO2-Rh3 Si	2.473	1.971	1.253	1.06	0.749

CO2-Rh3 S	2.476	1.987	1.270	0.91	0.764

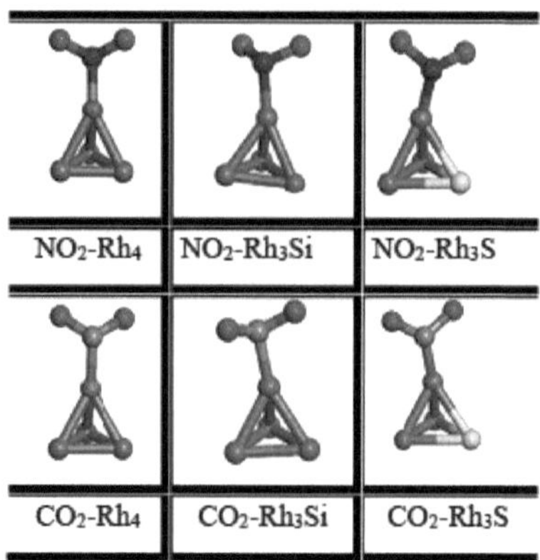

Fig. 1. Estruturas de estado fundamental avaliadas por DFT dos aglomerados adsorvidos de NO2 e CO2

Parâmetros geométricos do aglomerado de RhaSi e RhaS adsorvido em biochar (BC) com NO2 e CO2

A estrutura do estado fundamental do biochar (BC) avaliada por DFT é mencionada na Fig. 2. A estrutura do biochar tem a fórmula $C_{55}H_{37}NO_{14}$. Esta estrutura assemelha-se à estrutura do BC de Bamdad *et al.*[29] . As estruturas de estado fundamental dos aglomerados de Rh4, Rh3Si e Rh3S adsorvidos na BC de NO2 e CO2 são mencionadas na Fig. 3. O comprimento das ligações C-O e N-O dos aglomerados Rh3Si e Rh3S adsorvidos de CO2 e NO2 suportados por biochar é superior ao dos aglomerados nus adsorvidos de gás. Isto sugere que ocorreu um maior alongamento ou ativação das ligações C-O e N-O após o suporte em BC. As energias de adsorção dos aglomerados de Rh3Si e Rh3S adsorvidos em biochar também são mais elevadas do que as das ligas Rh3M nuas adsorvidas em gás. Isto sugere a maior adsorção e a natureza sensorial dos aglomerados de ligas suportadas em BC em relação aos gases. O intervalo LUMO-HOMO das ligas BC@CO2-Rh3M é superior ao das ligas CO2- Rh3M. Do mesmo modo, o intervalo LUMO-HOMO das ligas BC@NO2-Rh3M é superior ao do aglomerado Rh3M adsorvido com NO2. A energia de adsorção e o intervalo LUMO-HOMO mais elevados sugerem a maior estabilidade dos aglomerados de ligas suportados em biochar para a adsorção de CO2 e NO2 e a ativação de ligações C-O e N-O.

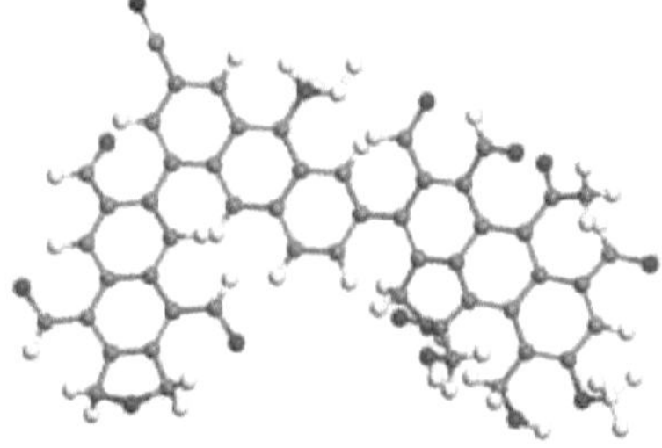

Fig. 2. Estrutura do estado fundamental do biochar avaliada por DFT

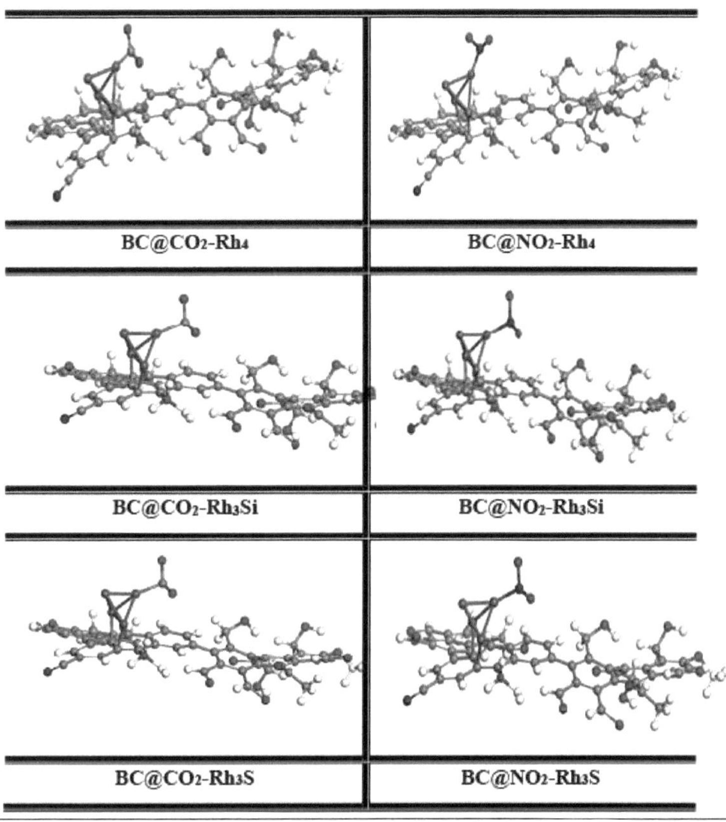

Fig. 3. Estruturas de estado fundamental avaliadas por DFT de ligas de Rh3M suportadas em Biochar adsorvidas com NO2 e CO_2, (M =Si, S)

Quadro 2 Comprimentos de ligação avaliados por DFT, energias de adsorção e intervalo LUMO-HOMO de aglomerados de liga de ródio adsorvidos em biochar (BC) com NO2 e CO_2

Gás adsorvido aglomerados	Rh-Rh (A)	Rh-M (A)	Rh-CO (A)	C-O (A)	Energia de adsorção (eV)	Diferença LUMO-HOMO [eV]
BC@CO2-Rh4	2.482	-	1.969	1.247	0.99	0.727
BC@CO2-Rh3Si	2.488	2.480	1.978	1.266	1.12	0.756
BC@CO2-Rh3S	2.456	2.471	1.978	1.275	1.00	0.769
BC@NO2-Rh4	2.477	-	1.929	1.271	1.67	0.112
BC@NO2-Rh3Si	2.472	2.490	1.939	1.262	2.09	0.121
BC@CO2-Rh3S	2.460	2.511	1.979	1.253	2.11	0.143

Conclusão:
A investigação funcional da densidade sugere uma maior adsorção de aglomerados de ródio dopados com Si ou S em relação aos gases NO2 e CO_2 do que o Rh_4 puro. Verificou-se também que os aglomerados de ligas activam as ligações C-O e N-O dos gases poluentes. Os aglomerados de ligas suportados em biochar apresentam um carácter mais sensível do que os aglomerados de ligas simples para a adsorção de gases poluentes. O intervalo LUMO-HOMO também sugere uma maior estabilidade dos aglomerados de liga de ródio suportados em biochar e adsorvidos em NO2 e CO_2. Pode concluir-se deste estudo que os materiais carbonosos de biochar são úteis para a deteção e ativação de gases poluentes NO2 e CO_2.

Referências:

1. S. Sun, C.B. Murray, D Weller, L Folks e A. Moser, *Science,* 2000, **287**, 1989.
2. S. H. Chung, A. Hoffmann, K. Guslienko, S. D. Bader, C. Liu, B. Kay, L. Makowski e Chen, *J. Appl. Phys.*, 2005, **97**, 10R101.
3. J. M. Nam, C. S. Thaxton e C. A. Mirkin, *Science,* 2003, **301**, 1884.
4. S. C. Tsang, C. H. Yu, X. Gao e K. Tam, *J. Phys. Chem. B*, 2006, **110**, 16914.
5. C. Burgel, N. M. Reilly, G. E. Johnson, R. Mitric, M. L. Kimble, A. W. Castleman e V. Bonacic-Koutecky, *J.Am. Chem. Soc.*, 2008, **130**, 1694.
6. T. Hanmura, M. Ichihashi, Y. Watanabe, N. Isomura e T. Kondow, *J. Phys. Chem. A,* 2007, **111**, 422.
7. I. Swart, A. Fielicke, B. Redlich, G. Meijer, B. M. Weckhuysen e F. M. F. de Groot, *J. Am. Chem. Soc.,* 2007, **129**, 2516
8. M. L. Anderson, M. S. Ford, P. J. Derrick, T. Drewello, D. P. Woodruff e S. R. Mackenzie, *J. Phys. Chem. A*, 2006, **110**, 10992.
9. M. S. Ford, M. L. Anderson, M. P. Barrow, D. P. Woodruff, T. Drewello, P. J. Derrick e S. R. Mackenzie, *Phys. Chem. Chem. Phys.*, 2005, **7**, 975.
10. J. Cooper e J. Beecham, Platin. *Met. Rev.*, 2013, **57**, 281.
11. D. R. Rainer, M. Koranne, S. M. Vesecky e D. W. Goodman, *J. Phys. Chem. B,*1997, **101**, 10769.
12. L. Piccolo e C. R. Henry, *J. Mol. Catal. A: Chem.*, 2001, **167**, 181.
13. Z. Yin, C. Li, Y. Su, Y. Liu, Y. Wang e G. Chen, *Chem. Phys.*, 2012, **395**, 108.
14. G. A. Olah, A. Goeppert e G. K. S. Prakash, Beyond Oil and Gas: The Methanol Economy, Wiley-VCH Verlag GmbH & Co. KGaA, 2009.
15. M. Nielsen, E. Alberico, W. Baumann, H.-J. Drexler, H. Junge, S. Gladiali e M. Beller, *Nature*, 2013, **495**, 85.
16. K. M. K. Yu, W. Tong, A. West, K. Cheung, T. Li, G. Smith, Y. Guo e S. C. E. Tsang, *Nat. Commun.*, 2012, **3**, 1230.
17. Este artigo incorpora material do domínio público do documento da Agência de Proteção Ambiental dos Estados Unidos. "Dióxido de azoto: Saúde" Obtido em 23/02/2016.
18. G. Sberveglieri, S. Groppelli e P. Nelli, Sens. Actuators B: Chem., 1991, **4**, 457.
19. M.L. Grilli, E.D. Bartolomeo e E. Traversa, *J. Electrochem. Soc.,* 2001, **148**, 98.

20. M.T. Baei, A.R. Soltani, A.V. Moradi e E. Tazikeh Lemeski, Comp. Theoret. Chem., 2011, 970, 30.

21. L. Valentini, I. Armentano, J.M. Kenny, C. Cantalini, L. Lozzi e S. Santucci, *Appl. Phys. Lett.*, 2003, 82, 961.

22. B. Zurek e J. Autschbach, *J. Am. Chem. Soc.*, 2004, 126, 13079.

23. B. Delley, *J. Chem. Phys.*, 2000, **113**, 7756.

24. B. Delley, *J. Chem.Phys.*, 1990, **92**, 508.

25. A.D. Becke, *Phys. Rev. A.*, 1988, **38**, 3098.

26. C. Lee, W. Yang e R.G. Parr, *Phys. Rev. B.*, 1988, **37**, 785.

27. B. Delly e D.E. Ellis, *J. Chem. Phys.*, 1982, **76**, 1949.

28. A Dutta, P Mondal *RSC Adv.,* 2016, **6**, 6946

29. H. Bamdad , S. Papari , S.MacQuarrie , K. Hawboldt[a] Carbon, 2021, *171*, ,161

A-03: Síntese Inspirada em Cliques de Híbridos de Carbohidratos-Cumarina/Ácido Vanílico e seu Estudo Biológico

Anjali Sharma, Rajib Panchadhayee*

Departamento de Química, Universidade de Assam, Silchar, Assam, Índia

ID do correio eletrónico: rajibcdri@gmail.com

Resumo:

A CuACC (cicloadição azido-alquino catalisada por cobre) fornece glicoconjugados de ácido vanílico e cumarina ligados a triazol, regiosselectivos, produzidos por 1,3-cicloadição de açúcar azido com derivados alquinos de cumarina e ácido vanílico. Estes compostos foram avaliados quanto à sua atividade antiparasitária *in vitro* utilizando o ensaio MTT.

1. Introdução:

A leishmaniose visceral (LV, Kala-Azar), uma doença tropical negligenciada, contribui significativamente para a mortalidade e a morbilidade no mundo em desenvolvimento. A LV é uma doença letal causada pelo parasita intracelular *Leishmania donovani*. Segundo a OMS, em 2018, esta doença causa surtos em 98 países, incluindo a África Oriental, a Índia, o Bangladesh e o Brasil.[*][1] Os medicamentos farmacológicos são necessários para os tratamentos de primeira linha. Tem sido dada muita atenção aos hidratos de carbono ligados covalentemente a proteínas, péptidos, lípidos e sacarídeos devido ao seu papel em funções biológicas complexas.[2] Devido à natureza específica dos hidratos de carbono e aos muitos grupos hidroxilo livres que os tornam solúveis em condições aquosas, colocámos a hipótese de que o acoplamento de açúcares com heterociclos activos poderia produzir resultados bem sucedidos.[4,5] Tanto a cumarina como o ácido vanílico têm uma atividade biológica notável, como actividades antimicrobianas, antituberculose, anti-inflamatórias, anti-hiperlipidémicas, antidepressivas, antivirais, anticancerígenas e antioxidantes, e também têm propriedades físicas que os tornam subunidades indispensáveis de muitos produtos naturais.[6-9] Foi relatado que os híbridos de cumarina com azóis, chalconas, furoxanos, indóis/isatinas e

As piridinas/pirimidinas têm potencial anticancerígeno e estes análogos são usados em

41

medicamentos com várias terapêuticas.[10,11] Assim, na nossa presente investigação, sintetizámos alguns glicoconjugados de cumarina e ácido vanílico ligados a triazóis através da reação CuACC.

2. Resultados e discussão

2.1 Síntese de alcinos de cumarina/ácido vanílico: O grupo hidroxilo da 4-
A hidroxicumarina/ácido vanílico foi alquilada com brometo de propargilo e K2CO3
(**Esquema 1**) em DMF, obtém-se 4-(prop-2-ino-1-iloxi)-2H-cromen-2-ona/3-
ácido metoxi-4-(prop-2-ino-1-iloxi) benzoico (**1a, 1b**).

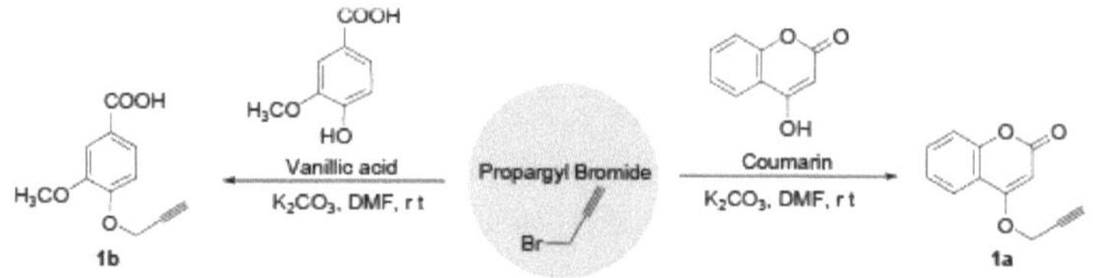

Esquema 1: Síntese dos alcinos da cumarina/ácido vanílico (**1a** & **1b**)

2.2 Síntese de azidas de açúcar: De acordo com o protocolo convencional, a bromação do peracetato de D-glucose com HBr/AcOH a $0°$ C, seguida da azidação do análogo bromo correspondente, reagindo-o com NaN3 em DMF a 80C durante 8 h, permite obter o respetivo análogo azido de açúcar (**2a**) com um rendimento de 90%. Outro tipo de açúcar azido foi também preparado por protocolo padrão, ou seja, a glicosilação de D-glucose acilada com 2-bromoetanol na presença de éter dietílico de trifluoreto de boro a 0-5C deu o a-glicosídeo correspondente seguido de azidação com NaN3 e forneceu a respectiva azida (**2c**) com 88% de rendimento. Outros análogos de açúcares azido (**2b** e **2d**) foram produzidos em bons rendimentos a partir da D-galactose utilizando estratégias semelhantes bem estabelecidas (**Esquema 2**).

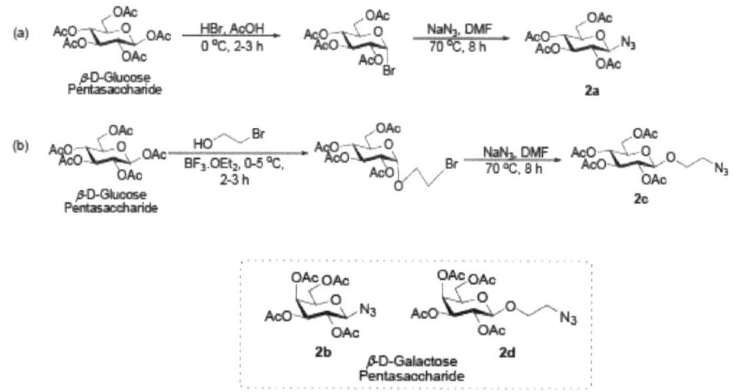

Esquema 2: Síntese das azidas de açúcar (**2a, 2b, 2c** e **2d**)

2.3 Síntese de azidas de açúcar: O tratamento do derivado alquino da cumarina e a preparação de diferentes azido-açúcares através da reação de cicloadição na presença de ascorbato de sódio e CuSO4.5H2O à temperatura ambiente produziu uma série de glicoconjugados acetilados de triazol 4-substituídos como produto principal. Para um estudo mais aprofundado, a desacetilação destes compostos deu origem a glicoconjugados de triazol 4-substituídos utilizando metóxido de sódio. O mesmo protocolo foi também utilizado para a síntese de outros glicoconjugados de ácido vanílico ligados a triazóis. Na nossa presente investigação, utilizámos este protocolo aumentando a distância entre o hidrato de carbono e o triazol para estudar a estabilidade e a atividade destes glicoconjugados (**Esquema 3**). A formação de todos os compostos foi confirmada com base nos seus dados espectroscópicos.

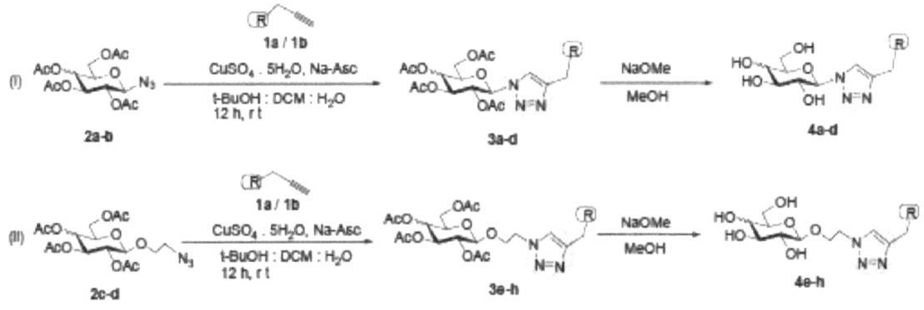

Esquema 3: Síntese de produtos de clique

3. Conclusão

Em conclusão, uma série de glicoconjugados de ácido vanílico com hidratos de carbono ligados a triazóis e glicoconjugados de cumarina com hidratos de carbono foram preparados por reação de clique de azida de glicosilo com alquinos de arilo na presença de cuso4.5H2O/Na-Asc com sucesso. Todas as reacções são de elevado rendimento e altamente regiosselectivas.

4. Referências

1) Torres-Guerrero, E.; Quintanilla-Cedillo, M.; Ruiz-Esmenjaud, J.; Arenas, R.; *F1000Res.* **2017**, *6*, 750.

2) Tiwari, V. K.; Mishra, R. C.; Sharma, A.; Tripathi, R. P. Mini-Rev. *Med. Chem.* **2012**, *12,* 1497-1519.

3) Zuffo, M.; Stucchi, A.; Campos-Salinas, J.; Cabello-Donayre, M.; Martinez-Garaa, M.; Belmonte-Reche, E.; Perez-Victoria, J. M.; Mergny, J.L.; Freccero, M.; Morales, J. C.; Doria, F.; *European Journal of Medicinal Chemistry* **2019**, *163*, 54-66.

4) Mandal, S; Gauniyal, H. M.; Pramanik, K.; Mukhopadhyay, B.; *J. Org. Chem.* **2007**, *72*, 9753-9756.

5) Roy, P.; Dhara, D., Parida; P. K., Kar; R. K., Bhunia, A.; Jana, K.; Misra, A. K.; *European Journal of Medicinal Chemistry* **2016**, *114*, 308-317.

6) Medina, F. G.; Marrero, J. G.; Macias-Alonso, M.; Gonzalez, M. C.; Cordova-Guerrero, I.; Garcia, A. G. T.; Osegueda-Robles, S.; *Nat. Prod. Rep.* **2015**, *32*, 1472-1507.

7) Calixto-Campos, C.; Carvalho, T.T.; Hohmann, M.S.; Pinho-Ribeiro, F.A.; Fattori, V.; Manchope, M.F.; Zarpelon, A.C.; Baracat, M.M.; Georgetti, S.R.; Casagrande, R.; *J. Nat. Prod.* **2015**, *78*, 1799-1808.

8) Kumar, S.; Prahalathan, P.; Raja, B.; *Redox Rep.* **2011**, *16*, 208-215.

9) Amin, F.U.; Shah, S.A.; Kim, M.O.; *Sci. Rep.* **2017**, *7*, 1-15.

10) Zhang, L.; Xu, Z.; *Eur. J. Med. Chem.* **2019**, *181*, 111587,

11) Yadav, N.; Agarwal, D.; Kumar, S.; Dixit, A. K.; Gupta, R. D.; Awasthi, S. K.; *European Journal of Medicinal Chemistry* **2018**, *145*, 735-745.

A-04: Síntese de derivados simétricos de cumarina, dímeros de bases de Schiff e seu comportamento mesofórico

Banti Baishya, Manoj Kumar Paul

Departamento de Química, Universidade de Assam, Silchar-788001 ÍNDIA

Correio eletrónico: bantibaishya1992@gmail.com

Resumo

Foi sintetizada uma nova série de dímeros simétricos compostos por cumarina bi-substituída como unidades monoméricas com éter metileno ligado como espaçador flexível. O espaçador flexível consiste em diferentes comprimentos de cadeia para compreender o efeito par-ímpar no comportamento de mesofase do dímero. As duas unidades monoméricas que estão ligadas através do espaçador flexível *através do* éter como unidade de ligação. A unidade monomérica assemelha-se a uma estrutura molecular de forma linear, tendo o éster e a imina como elementos de ligação. A estrutura molecular dos dímeros da nova síntese é confirmada por análise de IR e NMR. O estudo térmico e o comportamento em mesofase de todos os compostos são investigados por TGA, POM e DSC. O comportamento mesomórfico do dímero de cumarina foi investigado e verificou-se que é de natureza nemática.

Palavras-chave: Dimerização de cristais líquidos, fase nemática, monómero de cumarina.

1. Introdução

Os compostos heterocíclicos são uma classe essencial de compostos orgânicos que encontram aplicações prospectivas em vários domínios de investigação. As suas interessantes actividades farmacêuticas e biológicas tornam-nos omnipresentes [1]. Além disso, as suas propriedades não se limitam apenas aos campos biológicos, mas também à investigação em ciência dos materiais, o que os levou a exibir aplicações em OLEDs, células solares, optoelectrónica e materiais líquido-cristalinos [2]. Apesar de o domínio dos cristais líquidos ter sido amplamente explorado, os mesógenos contendo cumarina têm suscitado grande interesse em todo o mundo devido à sua gama de propriedades físicas. É a sua geometria molecular que os torna um candidato promissor nos domínios biológico e farmacêutico. Apresentam uma vasta gama de propriedades, tais como actividades antibacterianas, antifúngicas, antioxidantes, antituberculose e anticancerígenas [3-4]. Para além da sua importância biológica, são conhecidos pelas suas excelentes propriedades ópticas, tais como elevada fotoluminescência, rendimento quântico, fotoestabilidade superior, cristais líquidos, bioimagem, sensores, etiquetas fluorescentes e sondas para medições fisiológicas [5-7]. Devido à biocompatibilidade e à interação não covalente eficaz dos derivados da cumarina, o seu potencial expande-se em vários domínios, o que suscita uma atenção significativa entre os cientistas [8], o que os torna interessados em trabalhar com estes derivados para conceber e desenvolver novos materiais mesogénicos à base de cumarina. As propriedades e a textura da fase cristalina líquida em mesogénios monoméricos à base de cumarina dependem da sua estrutura química e do substituinte presente em diferentes posições da estrutura da molécula. Uma nova série de mesogéneos calamáticos à base de cumarina foi relatada por Alderete et al. que apresenta as fases esmética A e esmética C [9]. Além disso, substituintes como o grupo éster induzem uma textura esmética A, ao passo que o grupo ciano induz mesofases nemáticas e esméticas A [10]. A química significativa dos materiais moles da porção cumarina, devido às interações fracas entre as unidades de cumarina que auxiliam a auto-montagem de moléculas cristalinas líquidas, torna-os um candidato muito adequado para conceber cristais líquidos novos e fascinantes. Foram sintetizadas numerosas ligações de base de Schiff contendo derivados de cumarina e relatadas as suas várias propriedades físicas por diferentes grupos de investigadores em todo o mundo[11]. Para além da estrutura central, as unidades de ligação como o azometano (base de Schiff), o éster, o éter, etc. afectam significativamente as propriedades físicas dos materiais mesogénicos. Assim, o grupo de ligação desempenha um papel imperativo no processo de conceção e síntese de cristais líquidos termotrópicos [12].

Para estudar a relação entre a estrutura e o comportamento em mesofase do dímero de LC, no nosso presente trabalho sintetizámos uma nova série de dímeros simétricos compostos por uma porção de cumarina. O monómero de cumarina com di-aldeído de cadeia longa no dímero de LC é novo e a incorporação da unidade de cumarina induz a propriedade de flurosence na molécula de síntese. Assim, relatamos aqui a síntese, a caraterização espectroscópica, a propriedade ótica, o comportamento em mesofase e a estabilidade térmica de todas as moléculas do dímero simétrico.

2 Experimentais

2.1 Materiais

Os produtos químicos utilizados para a síntese dos compostos diméricos foram adquiridos à Sigma Aldrich e à M/s Alfa Aesar. Todos os solventes utilizados para a síntese (etanol, *n-hexano*, diclorometano e acetato de etilo) foram purificados e secos através de procedimentos normalizados descritos na literatura. Foi utilizada sílica gel G [E-Merck] para a cromatografia em camada fina (CCF). Os solventes utilizados para os estudos de UV-visível são de grau espetroscópico.

2.1 Instrumentação

Os espectros de infravermelhos por transformação de Fourier foram registados num Bruker alpha II num disco de KBr. Os espectros de ressonância magnética nuclear[1] H e[13] C foram registados num espetrómetro Bruker 600 MHz NMR em solução CDCl3 (deslocamento químico 5 em partes por milhão) com TMS como padrão interno. Os espectros de absorção UV-Visível dos compostos em CHCl3 em diferentes concentrações e em diferentes solventes foram registados num espetrofotómetro Jasco V-730. (λ_{max} em nm). As propriedades líquido-cristalinas dos compostos foram caracterizadas utilizando um microscópio ótico polarizado (Nikon optiphot-2-pol com estágio quente e frio HCS402, com controlador de temperatura STC200 configurado para HCS402 da INSTEC Inc., EUA). EUA). As temperaturas de transição de fase, associadas a entalpias e entropias durante a transição de fase foram registadas a uma taxa de aquecimento/arrefecimento de 5°Cmin^{-1} utilizando a calorimetria diferencial de varrimento (DSC) (sistema Perkin Elmer Pyris-1).

2.4 Procedimento geral para a síntese do 1,n- bis(4-formilfenoxi) alcano.

O 4-hidroxibenzaldeído (3,05 g, 25mmol), o 1,n-dibromoalcano (3,57 g, 12,5mmol), o KHCO3 (2,5g, 25mmol) e uma quantidade catalítica de iodeto de potássio foram dissolvidos em acetona seca (150 ml) e a mistura acima foi refluxada durante 40-48 h sob atmosfera inerte. Em seguida, a mistura foi filtrada a quente para remover os sólidos insolúveis e a solução foi neutralizada com ácido clorídrico 2N, que foi depois extraído duas vezes com clorofórmio (100 mL). O produto foi purificado por cromatografia em coluna utilizando gel de sílica 60-120 mesh para obter o produto cristalino branco.

1.6 - bis(4-formilfenoxi) hexano: M.p- 105° C. Rendimento: 2g (74%). FTIR (umaxin cm$^-$ 1): 2942-2858(u-CH2-), 1684(uc=o, aldeído); 1H NMR (400 MHz, CDCl3): 5 = 9,89 (s, 2H, **-CHO**), 7,83 (d, 4H, **ArH**), 7,01 (d,4H, **ArH**), 4,07(t,4H, -OCH2), 2,06- 1,54(4H,-CH2-,), 1,23(d,4H,-(CH2)4.

1.7 Síntese do 6- amino -cormen-2 um (2)

Adicionou-se 6-nitro- 2H- Chormen -2 um (*2*) (1,02g, 2,5mmol) e 10% de Pd/C numa solução de acetato de etilo e a mistura reacional foi agitada durante 7-8h à temperatura ambiente numa atmosfera de hidrogénio. Após a conclusão da reação, obteve-se um sólido amarelo-esverdeado claro após a remoção do solvente por bomba de vácuo, que foi recristalizado com etanol para obter o sólido branco. M.P-151^0 C. Rendimento - 1,5 g (88%) FTIR (umax em cm^{-1}): 3437-3354(u -NH2).

Procedimento geral para a síntese dos dímeros (C-6):

A solução etanólica de 1,6-bis(4-formilfenoxi) hexano (0,09 g) foi refluxada durante 30 minutos na presença de 2-3 gotas de ácido acético glacial e a esta solução de 7-amino-cromenina (2 mmol) em etanol foram adicionadas gota a gota e a mistura foi refluxada durante mais 6-7 h. A mistura de reação foi filtrada para separar o produto sólido. O produto foi purificado por lavagem várias vezes com hexano para obter um sólido amarelo claro.

Cum 6 (n=6): m.p-188° C Rendimento -0,08g (72%). FTIR (umx em cm^{-1}): 2967-2854(u-CH2-), 1711 (uC=O, éster), 1605 (uC=N, imina);

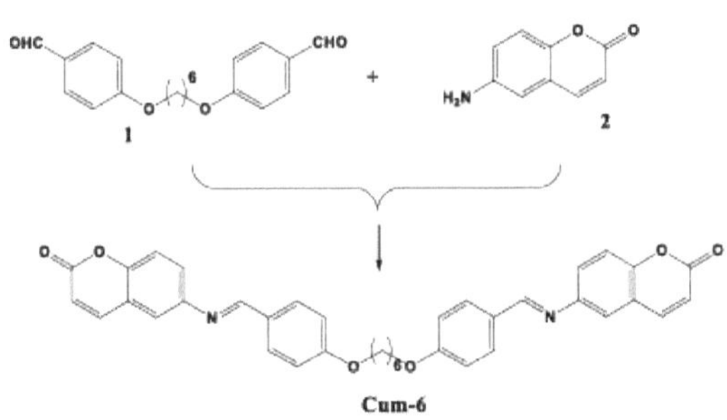

Esquema 1. Rota sintética para a preparação do dímero simétrico à base de cumarina (Cum-n). Reagente e condições de reação: (i) 1,n dibromoalcano (n=6), acetona seca, K2CO3, KI, refluxo durante 48 h; (ii) acetato de etilo, 10% Pd/C, H2, agitação 6-8 h; (iii) etanol absoluto, 2-3 gotas de ácido acético glacial, refluxo, 6h.

3. Resultados e discussão

3.1 *Síntese:* O novo dímero líquido cristalino simétrico de cumarina foi concebido e sintetizado e está ligado por uma ligação de éter como espaçador flexível. A unidade monomérica composta por uma estrutura molecular de dois anéis é ligada através da paridade do número de átomos no espaçador flexível *através da* ligação de éter e da ligação de imina para compreender a influência no comportamento da mesofase. Além disso, a ligação imina presente na molécula promove a obtenção de propriedades cristalinas líquidas.

O procedimento sintético detalhado é apresentado no **Esquema 1** e foi realizado seguindo o procedimento indicado na secção experimental. A reação de eterificação de Williamson foi realizada para obter 1,9-bis(4-formil fenoxi) alcano (**1**) misturando 4-hidroxil benzaldeído e 1,6 dibromo hexano na presença de carbonato de potássio e uma quantidade catalítica de iodeto de potássio. O grupo nitro dos derivados de cumarina (**2**) foi reduzido utilizando 10% de Pd/C para obter 3-aminofenil 4-(octiloxi)benzoato (**3**). Finalmente, utilizando a reação de condensação de base de Schiff entre o dialdeído (**1**) e (**3**) na presença de algumas gotas de ácido acético glacial para obter os dímeros simétricos de cristais líquidos (C-6). A formação das moléculas alvo e a sua pureza química foram confirmadas por espetroscopia de infravermelhos com transformada de Fourier (FTIR) e espetroscopia de ressonância magnética nuclear de protões. Os espectros de IV dos compostos diméricos apresentam um pico caraterístico de ~1711 cm^{-1} indicando a formação do grupo éster. O pico a 1605 cm^{-1} indica a frequência de estiramento -C=N- do grupo imina. A presença da cadeia alquílica dá origem a um pico duplo de ~ 2967-2854 cm^{-1} que corresponde à frequência de estiramento C-H da cadeia alquílica.

Análise de termogravimetria (TGA):

A estabilidade térmica dos compostos que contêm cumarina como monómero foi investigada por análise termogravimétrica (TGA) na presença de azoto gasoso, considerando o início da decomposição térmica, ou seja, a temperatura correspondente ao início da perda de peso (To). A partir do termograma TGA, observou-se que o composto é altamente estável termicamente até à temperatura de 406 °C. A presença de cadeias alcoxi longas nos compostos dímeros torna-os termicamente mais estáveis, o que favorece o empacotamento em camadas apertadas devido à segregação entre as porções aromáticas e as cadeias alcoxi.

Comportamento líquido-cristalino (POM)

O comportamento líquido-cristalino de todos os novos compostos diméricos sintetizados (Cum-n) foi estudado por microscopia ótica de polarização (POM) e estudos DSC. A fase mesogénica e a sua temperatura de transição, juntamente com as entalpias e a entropia derivadas da investigação DSC dos compostos, estão representadas na Figura 5 e na Tabela 4. A temperatura isotrópica, a transição de fase, a entalpia e a entropia são obtidas a partir do termograma DSC a uma velocidade de varrimento de 5° Cmin^{-1} em ambos os ciclos de aquecimento e arrefecimento e são semelhantes às obtidas com POM.

O dímero **C-6** apresentou propriedades cristalinas líquidas sob POM, em que os compostos são pressionados entre uma lâmina de vidro não tratada e uma lamela. Os compostos com <u>menor número de átomos de carbono (n=5) apresentam uma mesofase nemática enantotrópica</u>, enquanto os outros dímeros com cadeias alquílicas longas apresentam uma mesofase nemática monotrópica. O composto mesogénico **C-6**, após arrefecimento lento a partir de um líquido isotrópico, apareceu uma textura de pequenas gotículas a 238^{0} **c (ver Figura 1 a)**. Após o arrefecimento do composto a 235^{0} C, a textura das gotículas nemáticas coalesceu para formar uma textura schlieren da fase nemática (**ver Figura 1b). O** composto exibiu uma textura de schlierene nemático com duas escovas associada a uma birrefringência de stronge. Após arrefecimento adicional da amostra, a textura do tipo schlierene nemático permanece idêntica até à temperatura de 223^{0} C. A cristalização do composto ocorre após arrefecimento adicional a 222^{0} C.

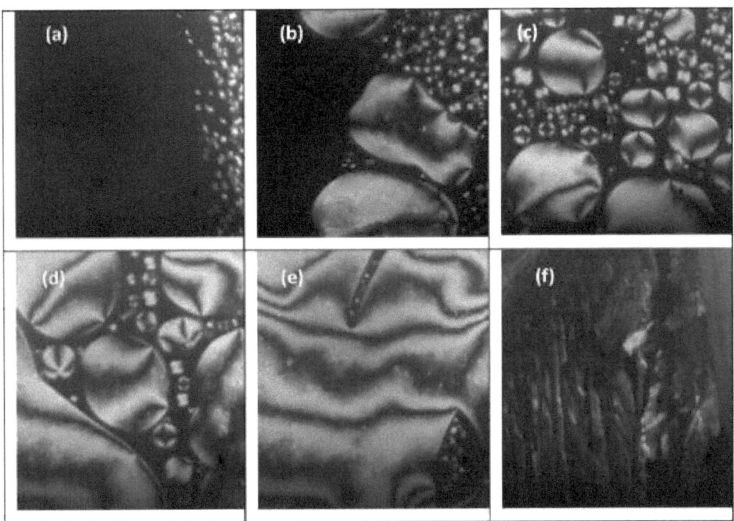

Figura 1. A textura microscópica ótica de polarização do dímero **C-6** numa superfície de vidro não tratada. (a) Textura isotrópica a gota a 238° C; (b) &(c)textura nemática da gota a 235° C e 232° C; (d)&(e) textura schlieren da fase nemática a 228° C e 223° C; (f) transição cristalina para nemática a 222° C.

4. Conclusão:

Apresentámos um novo dímero de cristais líquidos de ligação imina contendo 6-amino cumarina como unidade monomérica com cadeia de comprimento -alcoxi (n-6) como espaçador, que se verificou apresentar fase nemática. Os dímeros mesogénicos são termicamente estáveis a altas temperaturas. Foram estáveis até à temperatura de 406 °C. Observa-se uma rápida perda de peso do composto.

Referência

1. I. Bala, S.P. Gupta, J. De, S.K. Pal, Conjuntos colunares nemáticos colunares e cristalinos macios à temperatura ambiente de uma nova série de tetrâmeros de discos centrados em perileno, Chem. Eur. J. 23 (2017) 12767 . https://doi.org/10.1002/chem.201702181

2. J. Han, cristais líquidos à base de 1,3,4-oxadiazóis, J. Mater. Chem. C. 1 (2013) 7779. https://doi.org/10.1039/C3TC31458H

3. C. Kontogiorgis, A. Detsi, D. Hadjipavlou Litina, Coumarin-based drugs: a patent review (2008-presente), Expert Opin. Ther. Pat. 22 (4) (2012) 437-454; https://doi.org/10.1517/13543776.2012.678835

4. H. Xiao, K. Chen, D. Cui, N. Jiang, et al., Duas novas bases de Schiff à base de cumarina activas de emissão induzida por agregação e as suas aplicações na imagiologia celular, New J. Chem. 38 (6) (2014) 2386-2393 . https://doi.org/10.1039/C3NJ01557B

5. Jones G, Jackson WR, Choi C, Bergmark WR (1985) J Phys Chem 89:294 https://doi.org/10.1021/j100248a024

6. Galian RE, Laferriere M, Scaiano JC (2006) J Mater Chem 16:1697 https://doi.org/10.1039/B600236F

7. T. Song, G. Zhang, Y. Cui, Y. Yang, G. Qian, Encapsulation of coumarin dye within lanthanide MOFs as highly efficient white-light-emitting phosphors for white LEDs, Cryst. Eng. Comm. 18 (43) (2016) 8366-8371. https://doi.org/10.1039/C6CE01870J

8. Q. Zhang, D.-H. Qu, X. Ma, H. Tian, Conversão Sol-gel baseada na comutação fotográfica entre polímeros supramoleculares não covalentes e covalentes ligados em rede, Chem. Commun. 49 (2013) 9800-9802, https://doi.org/10.1039/C3CC46297H

9. Alderete J, Belmar J, Parra M, et al. Ésteres derivados do ácido 7-decanoiloxicromona-3carboxílico: síntese e propriedades mesomórficas. Liq Cryst. 2003;30:1319- 1325. http://dx.doi.org/10.1080/02678290310001610167

10. Dave JS, Menon MR, Patel PR. Síntese e caraterização mesomórfica de azoésteres com um anel cumarínico. Liq Cryst. 2002;29:543-549. https://doi.org/10.1080/02678290110114341

11. Y. Xiao, X. Tan, W. Xing, K. Zhao, et al., Hexacatenares emissivos à base de cumarina: síntese, automontagem 2D e 3D e fotodimerização, J. Mater. Chem C. 6 (40) (2018) 10782-10792, https://doi.org/10.1039/C8TC04040K

12. P.A. Henderson, C.T. Imrie, dímeros de cristais líquidos ligados a metileno e a fase nemática de curva de torção, Liq. Cryst. 38 (2011) 1407-1414, doi: 10.1080/02678292.2011.624368

A-05: Grafeno sulfonado (GR-SO3H): Catalisador ácido sustentável para proteção do grupo hidroxilo em hidratos de carbono

Padmashri Rabha, Anjali Sharma, Rajib Panchadhayee[*]
[1]Departamento de Química, Universidade de Assam, Silchar-788011, Assam, Índia
Correio eletrónico: rajibcdri@gmail.com

Resumo:

Durante a última década, o grafeno sulfonado ganhou muita atenção para várias aplicações em síntese orgânica devido às suas vantagens, incluindo as suas propriedades físicas, químicas e mecânicas únicas. O grafeno sulfonado (GR-SO3H) surgiu como um catalisador altamente promissor na química dos hidratos de carbono. Recentemente, relatámos a formação de *O-benzilideno* acetal de derivados de hidratos de carbono utilizando grafeno sulfonado como catalisador sustentável. A sua aplicação revela-se suave e eficiente, alinhando-se com os princípios da catálise sustentável. Este catalisador inovador facilita a preparação de derivados *de* O-isopropilideno, um passo crucial na síntese de hidratos de carbono. A metodologia apresenta várias vantagens, incluindo um tempo de reação curto e um rendimento elevado. Uma caraterística distintiva deste sistema catalítico é a sua excecional capacidade de reciclagem. Além disso, o GR-SO3H apresenta a capacidade de ser reutilizado várias vezes sem comprometer a sua atividade catalítica. Este atributo contribui para a sustentabilidade da metodologia, alinhando-se com a ênfase crescente em abordagens sintéticas ecológicas e amigas do ambiente. A capacidade de reciclar o catalisador não só aumenta a viabilidade económica do processo, como também sublinha o potencial de redução de resíduos e de minimização do impacto ambiental. A utilização de grafeno sulfonado (GR-SO3H) como catalisador para a síntese de derivados de O-isopropilideno de hidratos de carbono representa um avanço significativo neste domínio.

Palavras-chave: grafeno sulfonado (GR-SO3H), *O-benzilideno* acetal, O-isopropilideno ketal

1. Introdução

Nos últimos anos, o óxido de grafeno (GO) e os seus derivados, tais como o óxido de grafeno reduzido e o grafeno sulfonado, tornaram-se materiais valiosos e promissores para aplicações baseadas em grafeno na síntese orgânica.[1] O óxido de grafeno tem grupos funcionais contendo oxigénio (tais como epóxi, carbonilo, hidroxilo, éter e carboxilo) na sua superfície, é uma versão oxidada do grafeno com excelentes capacidades catalíticas. Ao longo das últimas décadas, tem havido um grande interesse em sistemas catalíticos heterogéneos devido ao óxido de grafeno e seus derivados. Estes materiais têm várias vantagens, incluindo a facilidade de preparação, o baixo custo, a possibilidade de reciclagem, as excelentes propriedades ópticas, eléctricas e mecânicas e o facto de serem amigos do ambiente.[2] Um dos elementos-chave que influenciam a aplicação do grafeno como suporte para a criação de sistemas catalíticos heterogéneos é a sua enorme área de superfície específica.[3] O grafeno sulfonado pode ser preparado através da introdução do grupo funcional ácido sulfónico (-SO3H) na superfície das folhas de grafeno. Na última década, os investigadores exploraram diversos métodos de funcionalização do grafeno com grupos de ácido sulfónico para melhorar as suas caraterísticas para utilização no armazenamento de energia, deteção e catálise. O grafeno sulfonado apresenta uma boa estabilidade química, o que lhe permite resistir a condições de reação difíceis e permanecer ativo como catalisador ao longo de vários ciclos de reação.[4] Esta estabilidade contribui para a sua reciclabilidade e desempenho a longo prazo em aplicações catalíticas. A utilização de grafeno sulfonado como catalisador promove os princípios da química verde, permitindo reacções em condições mais suaves, reduzindo o consumo de energia e minimizando a utilização de reagentes perigosos ou tóxicos. Além disso, a possibilidade de reciclagem dos catalisadores de grafeno sulfonado contribui para a sustentabilidade dos processos químicos.[5]

Na química dos hidratos de carbono, a introdução de um grupo protetor é um passo crucial para a preparação bem sucedida de moléculas de oligossacáridos complexas, o que é importante para o desenvolvimento de medicamentos na indústria farmacêutica.[6] Neste contexto, tem havido <u>um interesse crescente na formação de acetais e cetais cíclicos, que são geralmente</u> utilizados para proteger 1,2- ou 1,3-dióis na presença de outros grupos funcionais. O acetal *O-benzilideno* e o cetal O-isopropilideno são um grupo protetor comum para proteger o grupo hidroxilo livre das moléculas de hidratos de carbono.[7] Na química sintética dos hidratos de carbono, os grupos protectores benzilideno acetal são normalmente utilizados para a proteção selectiva e simultânea dos grupos hidroxilo C-4 e C-6 em derivados de hidratos de carbono.[8] Devido à sua estabilidade em ambientes neutros e básicos, este grupo protetor é amplamente utilizado na química dos hidratos de carbono. A desproteção eficaz dos acetais de benzilideno pode ser conseguida através de hidrólise ácida ou de condições neutras, como a hidrogenólise. Também é possível clivar o grupo benzilideno acetal em condições redutoras para produzir derivados de hidratos de carbono com um grupo hidroxi livre e um grupo *O-benzilado*.[9] O grupo O-isopropilideno é também o grupo protetor mais frequentemente utilizado na síntese de unidades monossacáridas funcionalizadas. A isopropilidenação do açúcar é formada por reação com reagente acetonante na presença de catalisadores ácidos adequados. Esta estratégia é principalmente utilizada para a proteção de 1,2- ou/e 1,3-dióis de moléculas de hidratos de carbono.[10] Existem vários métodos na literatura para a introdução de grupos acetais de benzilideno em derivados de hidratos de carbono e para a O-isopropilidenação de derivados de açúcar. Tradicionalmente, estes dois grupos protectores são preparados a partir do diol de açúcar correspondente com um reagente apropriado na presença de um catalisador ácido, como o H_2SO_4 conc.[11] Para a formação de *O-benzilideno*, a reação é realizada com benzaldeído dimetilacetal ou o seu éster dimetílico na presença de um promotor de ácido de Lewis. Para a reação *de* O-isopropilidenação, utiliza-se acetona ou 2,2-dimetoxipropano como reagente na presença de um catalisador ácido. Embora alguns dos métodos relatados tenham sido amplamente utilizados, muitos deles apresentam várias deficiências, como o longo tempo de reação, a necessidade de etapas adicionais de neutralização, baixos rendimentos, trabalho tedioso e a utilização de um grande excesso de reagentes e solventes orgânicos.[12] Por conseguinte, é necessária uma estratégia sintética simples e prática para a síntese de O-isopropilideno e *O-benzilideno* de hidratos de carbono em condições de reação adequadas.

2. Metodologia

2.1 Preparação de óxido de grafeno (GO):

Inicialmente, preparámos o catalisador necessário de acordo com os procedimentos estabelecidos na literatura. A síntese do grafeno sulfonado envolveu várias etapas, a conversão de flocos de grafite em óxido de grafeno (GO), seguida da redução a grafeno e subsequente funcionalização com grupos de ácido sulfónico. Numa mistura ácida composta por H_2SO_4 e H_3PO_4 numa proporção de 9:1 (160 mL), combinou-se 1 grama de flocos de grafite e agitou-se a 0-5°C num banho de gelo durante 10 minutos. Subsequentemente, $KMnO_4$ (3,8 g, 3,5 wt. equiv) foi lentamente adicionado, e a mistura foi agitada a 40 ° C durante 7 horas. A temperatura da reação foi então aumentada para 50°C, e a agitação continuou durante a noite. A pasta castanha resultante foi recolhida à temperatura ambiente e vertida numa solução de 30% de H_2O_2 (3 mL) em água gelada (150 mL) para produzir um precipitado amarelo. O sólido foi separado por centrifugação, lavado com água destilada (50 mL) e sujeito a centrifugação repetida (três vezes). O sólido resultante foi lavado com HCl a 10% (3 x 50 mL), produzindo óxido de grafeno castanho (1,59 g, 148% em massa), que foi subsequentemente lavado com etanol destilado e seco sob vácuo durante a noite.[13]

2.2 Preparação do grafeno (GR):

500 mg de GO foram submetidos a sonicação em 500 mL de água destilada durante duas horas. Subsequentemente, uma solução aquosa a 5% de Na2CO3 (15 mL) foi introduzida na mistura de reação para aumentar o pH até 9-10. Em seguida, 20 ml de hidrato de hidrazina a 64% (41,2 wt. equiv) foram adicionados à suspensão de reação, e a mistura foi refluxada durante um período de 24 horas. Após a conclusão do refluxo, a mistura foi deixada arrefecer até à temperatura ambiente, seguida de filtração. O sólido resultante foi lavado sucessivamente com 100 mL de HCl 1 N e 300 mL de acetona. O pó preto de GR obtido (293 mg, 59% em massa) foi subsequentemente seco sob vácuo a 40°C durante a noite.[14]

2.3 Preparação de grafeno sulfonado (GR-SO3H):

Foram adicionados 50 mL de água desionizada com 250 mg de GR e submetidos a sonicação durante 3 horas. À suspensão de GR, foram adicionados nitrito de sódio (3,50 wt. equiv. 875 mg) e ácido sulfanílico (2,90wt. equiv. 725 mg). A mistura resultante foi agitada à temperatura ambiente durante 24 horas. Em seguida, a solução foi filtrada e o sólido foi lavado sequencialmente com 100 ml de HCl 1N e 250 ml de acetona. O pó preto resultante de GR-SO3H (320 mg) foi subsequentemente seco sob vácuo a 40°C durante a noite.[14]

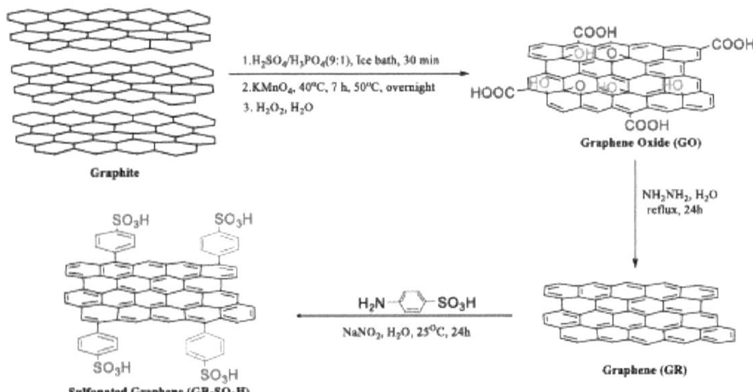

Esquema 1: Preparação de grafeno sulfonado (GR-SO3H)

2.4 Procedimento geral para a preparação do *O-benzilideno* acetal:

O benzaldeído dimetilacetal (1,1 mmol) e o GR-SO3H (10 mg) foram adicionados sequencialmente ao substrato correspondente (1,0 mmol). A mistura foi agitada à temperatura ambiente até se confirmar a conclusão da reação por TLC. Em seguida, a mistura foi diluída com CH2Cl2 e filtrada para eliminar o catalisador sólido. A camada orgânica foi então seca com Na2SO4 e concentrada para obter um produto em bruto. Este produto em bruto foi cristalizado a partir de EtOH ou purificado por cromatografia em coluna pequena utilizando gel de sílica e uma mistura de hexano e acetato de etilo.

2.5 Procedimento geral para a preparação de O-Isopropilideno de derivados de

hidratos de carbono: Acetona anidra (5 mL) ou DMP (3 mmol) foram adicionados ao substrato (1,0 mmol), seguidos de GR-SO3H (10 mg) e a mistura reacional foi agitada durante o tempo apropriado a rt. O progresso das reacções foi monitorizado por TLC. Após a conclusão da reação, a mistura reacional foi diluída com DCM e filtrada para remover o catalisador sólido. A camada orgânica foi seca (Na2SO4) e evaporada até à secura, obtendo-se o produto em bruto. Finalmente, o produto em bruto foi cristalizado a partir de EtOH ou DCM-hexano ou purificado numa pequena coluna de gel de sílica (100-200 mesh) usando hexano-EtOAc (1:1) como eluente para fornecer os derivados protegidos *com O-isopropilideno* em excelente rendimento.

3. Resultados e discussão

Num conjunto de experiências iniciais, utilizou-se o metil-a-D-glucopiranosídeo (1) *como material de partida e deixou-se reagir com o benzaldeído dimetilacetal (1,1 mol equiv) na presença de grafeno sulfonado* (GR-SO3H) *com diferentes cargas de catalisador e diferentes solventes e em condições sem solvente, tendo-se verificado que a carga de catalisador* (10 mg /mmol) *e a condição sem solvente constituíam a condição de reação adequada.* O catalisador foi removido da mistura de reação por filtragem e diluição com diclorometano (DCM) uma vez terminada a reação. O produto puro foi obtido passando a mistura de reação bruta através de uma coluna curta de sílica após extração do solvente a pressão reduzida.

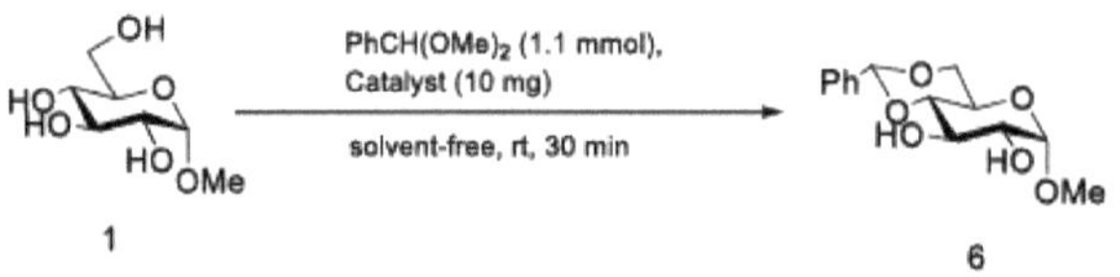

Esquema 2: Preparação do benzilideno acetal do metil-a-D-glucopiranosídeo
Após a otimização das condições de reação, uma série de monossacáridos com diferentes substituições anoméricas produziu o correspondente produto benzilideno acetal com excelente rendimento.

Quadro 1: Síntese de benzilideno acetal de derivados de hidratos de carbono utilizando benzaldeído dimetilacetal na presença de grafeno sulfonado (GR-SO3H)

Entrada Material de partidaa Produtoa Tempo (min) Rendimento (%)

Entrada	Material de partida	Produto	Tempo (h)	Rendimento (%)
1	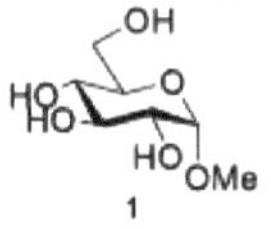 **1** (OMe)	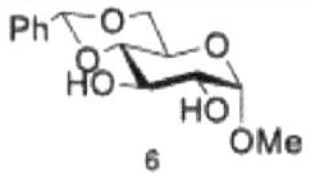 **6**	30	95
2	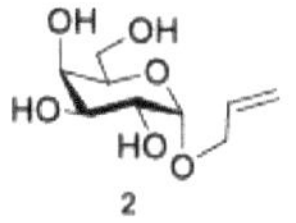 **2**	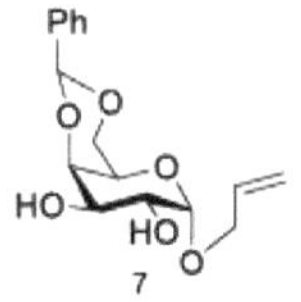 **7**	30	91
3	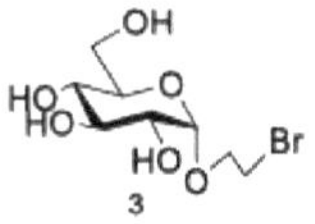 **3** (Br)	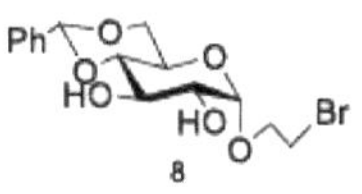 **8**	30	92
4	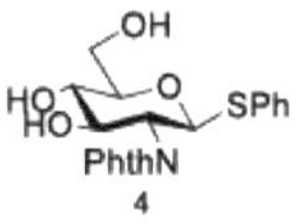 **4** (PhthN, SPh)	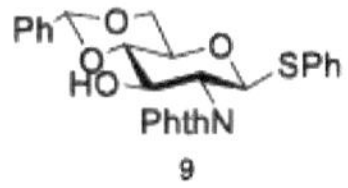 **9**	30	92
5	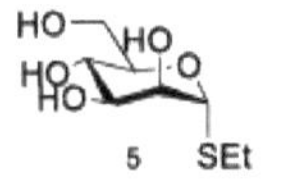 **5** (SEt)	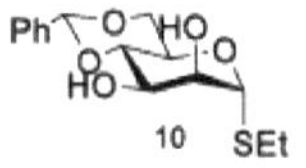 **10**	28	90

^aPhthN : N-phthalimido

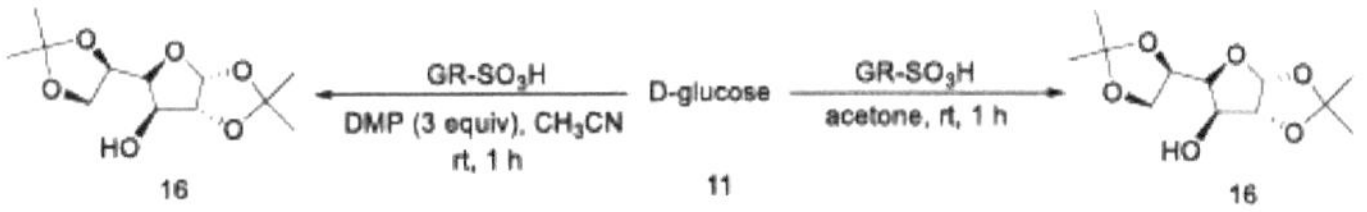

Esquema 3: Isopropilidenação da D-glucose

O ponto de partida da experiência consistiu em selecionar a D-glucose disponível no mercado como substrato para a O-isopropilidenação. Este processo foi efectuado utilizando acetona anidra e separadamente com 2,2-dimetoxipropano (DMP), cada um na presença do catalisador GR-SO3H. A D-glucose (11) foi submetida a condições de reação com 5 mL de acetona anidra ou 3 equivalentes de DMP (dissolvidos em 2 mL de CH3CN), empregando 10 mg de catalisador de grafeno sulfonado (GR-SO3H), tudo isto à temperatura ambiente. Após a otimização das condições de reação, os açúcares livres e os derivados de açúcar disponíveis no mercado foram submetidos à reação *de* O-isopropilidenação utilizando ambos os agentes acetonantes, acetona anidra e DMP, nas condições optimizadas.

Quadro 2: Síntese de O-isopropilideno de açúcares livres com acetona ou DMP na presença de grafeno sulfonado (GR-SO3H)

Entrada Material de partida Produto Reagente Tempo (h) Rendimento (%)

Entrada	Substrato	Produto	Reagente	Tempo (h)	Rendimento (%)
1	D-glucose 11	16	DMP	1	96
			Acetone	1	95
2	D-galactose 12	17	DMP	1	95
			Acetone	2	92
3	D-mannose 13	18	DMP	1	96
			Acetone	1	96
4	L-arabinose 14	19	DMP	1	92
			Acetone	1.5	90
5	15 (OMP)	20 (OMP)	DMP	2	91
			Acetone	2.5	87

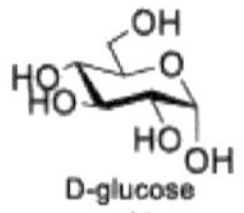

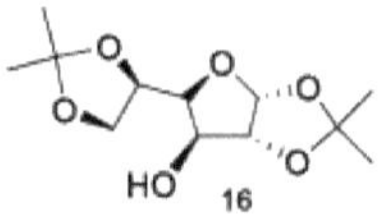

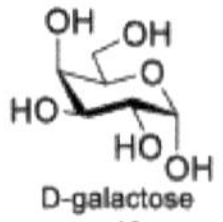

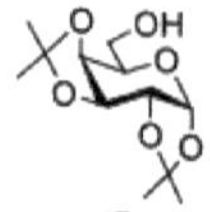

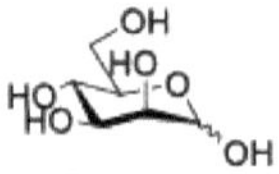

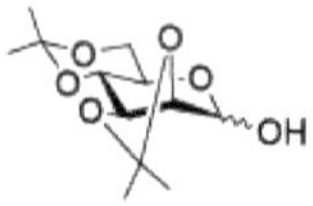

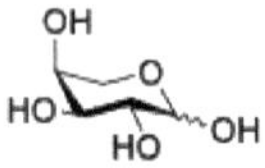

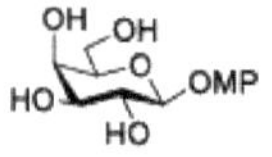

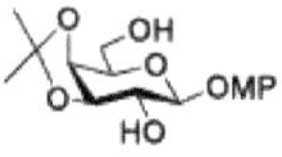

4. Conclusão

Em resumo, conclui-se que o grafeno sulfonado é um catalisador ácido sólido promissor para a preparação de 4,*6-O-benzilideno* acetais e para a síntese de mono- e/ou di-O-isopropilideno ketal de derivados de hidratos de carbono. Esta metodologia tem várias vantagens, incluindo rendimentos elevados, condições de reação suaves e tempos de reação curtos, ao mesmo tempo que facilita a reciclagem do catalisador, aumentando assim a sua sustentabilidade e rentabilidade. Com a sua simplicidade operacional, versatilidade e eficácia, esta estratégia aplica-se à síntese em larga escala de derivados de O-isopropilideno e benzilideno acetal de hidratos de carbono.

Referências

1. Dideikin, A. T.; Vul', A. Y. *Frontiers in Physics* **2019**, *6*, 149.
2. Barzinmehr, H.; Mirza-Aghayan, M.; Boukherroub, R. *Catalysis Reviews* **2023**, 1-91.
3. Rao, C. E. E.; Sood, A. E.; Subrahmanyam, K. E.; Govindaraj, A. *Angewandte Chemie International Edition* **2009**, *48*(42), 7752-7777.
4. Mohammadi, O.; Golestanzadeh, M.; Abdouss, M. *New Journal of Chemistry* **2017**, *41*(20), 11471-11497.
5. Soni, J.; Sethiya, A.; Sahiba, N.; Agarwal, S. *Applied Organometallic Chemistry* **2021**, *35*(4), e6162.
6. (a) Guo, J.; Ye, X.-S. *Molecules* **2010**, 15, 7235. (b) Boltje, T. J.; Li, C.; Boons, G.-J. *Org. Lett.* **2010**, *12*, 4636. (c) Codee, J. D. C.; Ali, A.; Overkleeft, H. S.; van der Marel, G. A. *C. R. Chim.* **2011**, *14*, 178.
7. (a) Panchadhayee, R.; Misra, A. K. *Synlett* **2010**, 1193. (b) Rabha, P.; Sharma, A.;

Panchadhayee, R. *Synlett*, **2024**, *35*(02), 225-229. (c) Rajput, V. K.; Mukhopadhyay, B. *Tetrahedron Lett.* **2006**, *47*, 5939-5941. (d) Khan, A. T.; Khan, M. M.; Adhikary, A. *Carbohydr. Res.* **2011**, *346*, 673-677.

8. Tatina, M.; Yousuf, S. K.; Mukherjee, D. *Org. Biomol. Chem.* **2012**, *10*, 5357

9. (a) Hann, R. M.; Richtmyer, N. K.; Diehl, H. W.; Hudson, C. S. *J. Am. Chem. Soc.* **1950**, *72*, 561. (b) Bieg, T.; Szeja, W. *Carbohydr. Res.* **1985**, *140*, C7. (c) Santra, A.; Ghosh, T.; Misra, A. K. *Beilstein J. Org. Chem.* **2013**, *9*, 74.

10. (a) Khan, A. T.; Khan, M. M. *Carbohydr. Res.* **2010**, *345*, 154-159. (b) Rabha, P.; Panchadhayee, R. *Synthesis* **2024**, *56*(07), 1175-1182 (c) Fischer, E. Ber. Dtsch. *Chem. Ges.* **1895**, *28*, 1145-1167.

11. (a) Boulineau, F. P.; Wei, A. *Carbohydr. Res.* **2001**, *334*, 271. (b) Kartha, K. P. R. *Tetrahedron Lett.* **1986**, *27*, 3415-3416.

12. Islam, D. A.; Barman, K.; Jasimuddin, S.; Acharya, H. *ChemElectroChem* **2017**, *4*, 3110.

13. Oger, N.; Lin, Y. F.; Le Grognec, E.; Rataboul, F.; Felpin, F. X. *Green Chemistry* **2016**, *18*(6), 1531-1537.

A-06: Alterações na Estabilidade de Nanoclusters $Ce_3O_n^+$ (n=4,5) via Adsorção de Monóxido (CO, NO): Uma Investigação DFT

Bibekananda Rabha[1] , Paritosh Mondal*

Departamento de Química, Universidade de Assam, Silchar, 788011, Índia

1rabhabibekananda@gmail.com

Resumo:

Os pequenos nanoclusters de óxido de cério são sistemas sub-nanométricos proeminentes para aplicações relacionadas com a catálise, principalmente devido às propriedades redox e às propriedades sintonizáveis, que são completamente influenciadas pelo número de átomos, geometria e interação molecular com o ambiente químico. Os nanoclusters de óxido de cério são amplamente utilizados como catalisadores, o que se deve principalmente à sua significativa relação superfície/volume. Estas propriedades são inteiramente determinadas por factores como o número de átomos, a geometria e as interações moleculares com o ambiente químico. Neste trabalho, investigamos a interação de nanoclusters de óxido de cério com monóxido de carbono (CO) e monóxido de azoto (NO). Mostramos, através de análises, as mudanças na distância e ângulo de ligação antes e depois da adsorção dos gases. Finalmente, a partir da análise de carga Mulliken, verificamos que se regista uma maior redistribuição de carga (i.e. -0,028 e) na adsorção de NO. A extensão e a direção da transferência de electrões contribuem para a compreensão da reatividade e estabilidade dos nanoclusters durante os processos catalíticos.

Palavras-chave: Nano-aglomerados de céria, Alterações estruturais, Transferência de carga, Teoria do funcional da densidade.

1. Introdução:

O óxido de cério desempenha um papel importante nos catalisadores redox para uma variedade de processos químicos, como a reação de transferência água-gás, a reforma a vapor, a produção de combustíveis químicos, entre outros [1]. Por exemplo, os conversores de gases de escape dos automóveis utilizam o óxido de cério para remover espécies gasosas nocivas, como o CO, NOx e pequenos hidrocarbonetos, através de reacções redox, resultando na formação de CO2, NOx, H2O, etc. [2]. Estas funções catalíticas devem-se à capacidade de armazenamento de oxigénio do óxido de cério: o óxido de cério absorve e liberta átomos de oxigénio durante a reação redox [3]. Embora o óxido de cério mais comum seja o CeO2, o óxido de cério também é possível em composições não estequiométricas, uma vez que os átomos de Ce podem adquirir estados de oxidação +3 e +4 ao gerar/preencher vagas de oxigénio [4-5]. A céria actua como um tampão de oxigénio ao alterar os estados de oxidação dos átomos de Ce [6]. É importante compreender as propriedades do óxido de cério, tais como a estrutura geométrica, os estados electrónicos e a reatividade química, a fim de desenvolver catalisadores à base de óxido de cério. As alterações de estabilidade induzidas pela adsorção em nanoaglomerados de CeO2 são de grande importância, particularmente no que diz respeito à interação de moléculas poluentes, que é um ponto de partida importante para compreender a elevada cobertura molecular dos sistemas de óxidos metálicos [7-8]. No entanto, a compreensão das propriedades dos nanoclusters é uma tarefa difícil, impedindo soluções através de tratamentos simples, uma vez que a adição/remoção de apenas um átomo é suficiente para causar alterações profundas nas propriedades; no entanto, as reactividades dos metais de transição mudam drasticamente à medida que a escala diminui do volume (e partículas grandes) para alguns nanómetros [9]. Assim, os conhecimentos adquiridos a partir da adsorção de moléculas em superfícies de óxidos metálicos podem não ser diretamente transferíveis para a adsorção em pequenos nanoaglomerados. Por conseguinte, o tratamento de nanoclusters a nível atómico representa um desafio devido aos efeitos de tamanho finito, ao grande número de sítios activos insaturados na superfície e à falta de necessidade de seguir as caraterísticas herdadas dos sistemas macroscópicos [10]. O nanocluster desempenha um papel ativo em vários processos químicos importantes, tais como a hidrogenação e a desidrogenação, a oxidação do formaldeído e a redução do oxigénio, bem como outras reacções químicas [11]. As vantagens de ter um nanocluster de óxido metálico estão relacionadas com a sua maior atividade e seletividade, que é um resultado direto do maior número de átomos de superfície com menos sítios de coordenação em comparação com as <u>estruturas macroscópicas</u> típicas. <u>Por exemplo, as espécies Rh, Pd e Pt são comumente usadas</u> em dispositivos catalíticos de três vias projetados para converter poluentes como CO, NO e hidrocarbonetos em emissões inofensivas como CO2, N2 e H2O [12-13]. Neste estudo, investigamos a interação de nanoclusters de óxido de cério com monóxido de carbono (CO) e monóxido de azoto (NO).

2. Metodologia

Neste estudo, utilizámos cálculos da teoria do funcional da densidade (DFT) para investigar os nanoclusters neutros e catiónicos de óxido de cério. Os cálculos foram efectuados utilizando o pacote de software Gaussian 09 [14]. Utilizámos o funcional irrestrito B3LYP para descrever a estrutura eletrónica do sistema [15]. A utilização de uma abordagem irrestrita permite a descrição de espécies de casca aberta, o que é necessário para o estudo de reacções que envolvem radicais e outras espécies reactivas. Para descrever a estrutura eletrónica do átomo de cério, utilizámos o potencial de núcleo efetivo relativista de Stuttgart-Dresden (SDD). Trata-se de um potencial de núcleo efetivo muito utilizado que descreve com precisão a estrutura eletrónica de elementos pesados, como o cério, reduzindo simultaneamente o custo computacional dos cálculos. Para os outros elementos do sistema (O, H e C), utilizámos o conjunto de bases polarizadas de valência triplo zeta (TZVP). Enquanto os cálculos de frequência foram utilizados para confirmar a natureza destas estruturas como mínimos.

3. Resultados e discussão

As alterações observadas no comprimento das ligações e a dinâmica da transferência de carga fornecem informações sobre o mecanismo de adsorção e a reatividade dos nanoclusters $Ce_3O_n^+$ (n=4,5) em relação às moléculas de CO e NO, apresentadas na Figura 1.

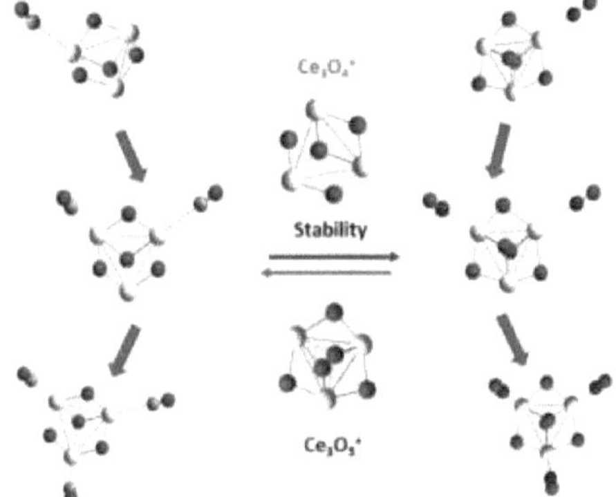

Figura 1: Adsorção de monóxidos (CO e NO) em $Ce_3O_n^+$ (n=4,5)

O alongamento ou a contração das ligações Ce-O sugerem modificações estruturais induzidas pela adsorção de CO e NO, como mostram os quadros 1 e 2, que podem afetar a atividade catalítica dos nanoclusters $Ce_3O_n^+$ em várias reacções, como a oxidação ou redução do monóxido.

Tabela 1: Alterações no comprimento de ligação (A) da adsorção de CO e NO em $Ce_3O_4^+$

Ce3O4+					
CO			NÃO		
Cei-Ce2	Ce2-Ce3	Ce3-Ce1	Ce1-Ce2	Ce2-Ce3	Ce3-Ce1
3.41	3.41	3.37	3.41	3.41	3.37
3.40	3.42	3.42	3.42	3.42	3.43
3.41	3.41	3.43	3.41	3.43	3.42
3.42	3.42	3.43	3.43	3.42	3.44

Tabela 2: Alterações no comprimento de ligação (A) da adsorção de CO e NO em

Ce3O5+

Ce3O5+					
CO			NÃO		
Ce1-Ce2	Ce2-Ce3	Ce3-Ce1	Ce1-Ce2	Ce2-Ce3	Ce3-Ce1
3.17	3.20	3.21	3.17	3.20	3.21
3.23	3.17	3.23	3.22	3.16	3.22
3.18	3.21	3.20	3.18	3.19	3.22
3.18	3.20	3.20	3.19	3.19	3.19

Além disso, a transferência de carga entre o CO e os nanoclusters de Ce2O4 altera a estrutura eletrónica do sistema, influenciando a sua sensibilidade às moléculas de CO em aplicações de deteção de gases.

Tabela 3: Transferência de carga (em *e*) na adsorção de monóxido de CO em $Ce_3O_4^+$

Ce3O4+								
1CO			2CO			3CO		
Ce1	Ce2	Ce3	Ce1	Ce2	Ce3	Ce1	Ce2	Ce3
0.018	-0.019	0.034	0.054	-0.006	0.046	0.062	0.052	0.068

Tabela 4: Transferência de carga (em *e*) na adsorção de monóxido de NO em $Ce_3O_5^+$

Ce3O5+								
1NO			2NO			3NO		
Ce1	Ce2	Ce3	Ce1	Ce2	Ce3	Ce1	Ce2	Ce3
-0.026	-0.025	0.015	-0.025	0.028	0.03	-0.028	-0.028	-0.027

O estudo da adsorção de monóxido em nanoclusters $Ce_3O_n^+$ (n=4,5) indica a interação significativa entre alterações estruturais, transferência de carga e reatividade, fornecendo informações valiosas para a conceção e otimização de catalisadores baseados em $Ce_3O_n^+$. Investigações mais aprofundadas sobre os mecanismos detalhados de adsorção de CO e o seu efeito nas propriedades dos nanoclusters de céria são totalmente utilizadas para explorar o seu potencial em várias aplicações.

Conclusão

Neste trabalho, as alterações de estabilidade dos nanoclusters $Ce_3O_4^+$ e $Ce_3O_5^+$ na adsorção de monóxido são analisadas utilizando o cálculo DFT. Os resultados obtidos indicam que o isómero **a** de ambos os nanoclusters é mais estável. O processo de adsorção foi investigado para a molécula de monóxido nos nanoclusters $Ce_3O_n^+$ (n=4,5) de mais baixa energia. Com o aumento do número de átomos de O, registou-se uma diminuição das alterações de estabilidade. A ordem de grandeza da energia de adsorção aumentou do CO para o NO, mas diminuiu com moléculas adicionais adsorvidas. Esta investigação ajuda a compreender a reatividade e a estabilidade do nanocluster durante os processos catalíticos.

Agradecimentos

Os autores estão gratos à UGC pela bolsa de estudo Non-Net

Referências

[1] Tsai, D.-H.; Wang, J.-L.; Wang, C.-H.; Chan, C.-C. A Study of GroundLevel

Ozone Pollution, Ozone Precursors and Subtropical Meteorological Conditions in Central Taiwan. *J. Environ. Monit.* **2008**, *10* (1), 109-118.

[2] Shao, M.; Zhang, Y.; Zeng, L.; Tang, X.; Zhang, J.; Zhong, L.; Wang, B. Ground-Level Ozone in the Pearl River Delta and the Roles of VOC and NOx in Its Production. *J. Environ. Manage.* **2009**, *90* (1), 512-518.

[3] Li, W.; Ge, Q.; Ma, X.; Chen, Y.; Zhu, M.; Xu, H.; Jin, R. Ativação suave de nanoclusters de ouro suportados por CeO2 e visão do comportamento catalítico na oxidação de CO. *Nanoscale* **2016**, *8* (4), 2378-2385.

[4] Kim, H. Y.; Henkelman, G. CO Oxidation at the Interface between Doped CeO2 and Supported Au Nanoclusters. *J. Phys. Chem. Lett.* **2012**, *3* (16), 21942199.

[5] Tsoncheva, T.; Issa, G.; Lopez Nieto, J. M.; Blasco, T.; Concepcion, P.; Dimitrov, M.; Atanasova, G.; Kovacheva, D. Pore Topology Control of Supported on Mesoporous Silicas Copper and Cerium Oxide Catalysts for Ethyl Acetate Oxidation. *Microporous Mesoporous Mater.* **2013**, *180*, 156-161.

[6] Zhou, Z.-X.; Wang, L.; Li, Z.-Y.; He, S.-G.; Ma, T.-M. Oxidação de so_2 em SO3 por catiões de aglomerados de óxido de cério Ce2O4$^+$ e $Ce_3O_6{}^+$. *J. Phys. Chem. A* **2016**, *120* (22), 3843-3848.

[7] Nagata, T.; Miyajima, K.; Mafune, F. Oxidation of Nitric Oxide on GasPhase Cerium Oxide Clusters via Reactant Adsorption and Product Desorption Processes. *J. Phys. Chem. A* **2015**, *119* (41), 10255-10263.

[8] Hirabayashi, S.; Ichihashi, M. Oxidação de CO e NO em catiões de aglomerados de óxido de cério com composição selecionada. *J. Phys. Chem. A* **2013**, *117* (37), 90059010.

[9] Wu, X.-N.; Zhao, Y.-X.; Xue, W.; Wang, Z.-C.; He, S.-G.; Ding, X.-L. Active Sites of Stoichiometric Cerium Oxide Cations ($CemO_{2m}{}^+$) Probed by Reactions with Carbon Monoxide and Small Hydrocarbon Molecules. *Físico-Químico. Chem. Phys.* **2010**, *12* (16), 3984.

[10] Li, H.; Li, L.; Li, Y. The Electronic Structure and Geometric Structure of Nanoclusters as Catalytic Active Sites. *Nanotechnol. Rev.* **2013**, *2* (5), 515-528.

[11] Wu, X.-N.; Zhao, Y.-X.; Xue, W.; Wang, Z.-C.; He, S.-G.; Ding, X.-L. Active Sites of Stoichiometric Cerium Oxide Cations ($CemO_{2m}{}^+$) Probed by Reactions with Carbon Monoxide and Small Hydrocarbon Molecules. *Físico-Químico. Chem. Phys.* **2010**, *12* (16), 3984.

[12] Akin, S. T.; Ard, S. G.; Dye, B. E.; Schaefer, H. F.; Duncan, M. A. Photodissociation of Cerium Oxide Nanocluster Cations. *J. Phys. Chem. A* **2016**, *120* (15), 2313-2319.

[13] Wu, X.-N.; Ding, X.-L.; Bai, S.-M.; Xu, B.; He, S.-G.; Shi, Q. Estudo experimental e teórico das reacções entre aniões de aglomerados de óxido de cério e monóxido de carbono: Reatividade dependente do tamanho de CenO2n $_{+1}{}^-$ (n = 1-21). *J. Phys. Chem. C* **2011**, *115* (27), 13329-13337.

[14] M. J. Frisch, G. W. Trucks, H. B. Schlegel, G. E. Scuseria, M. A. Robb, J. R. Cheeseman, G. Scalmani, V. Barone, G. A. Petersson, H. Nakatsuji, X. Li, M.

Caricato, A. Marenich, J. Bloino, B. G. Janesko, R. Gomperts, B. Mennucci, H. P. Hratchian, J. V. Ortiz, A. F. Izmaylov, J. L. Sonnenberg, D. Williams-Young, F. Ding, F. Lipparini, F. Egidi, J. Goings, B. Peng, A. Petrone, T. Henderson, D. Ranasinghe, V. G. Zakrzewski, J. Gao, N. Rega, G. Zheng, W. Liang, M. Hada, M. Ehara, K. Toyota, R. Fukuda, J. Hasegawa, M. Ishida, T. Nakajima, Y. Honda, O. Kitao, H. Nakai, T. Vreven, K. Throssell, J. A. Montgomery, Jr., J. E. Peralta, F. Ogliaro, M. Bearpark, J. J. Heyd, E. Brothers, K. N. Kudin, V. N. Staroverov, T. Keith, R. Kobayashi, J. Normand, K. Raghavachari, A. Rendell, J. C. Burant, S. S. Iyengar, J. Tomasi, M. Cossi, J. M. Millam, M. Klene, C. Adamo, R. Cammi, J. W. Ochterski, R. L. Martin, K. Morokuma, O. Farkas, J. B. Foresman, e D. J. Fox, Gaussian, Inc., Wallingford CT, 2016.

[15] Becke, A. D. Aproximação da energia de troca funcional de densidade com comportamento assintótico correto. *Phys. Rev. A* **1988**, *38* (6), 3098-3100.

A-07: Estudos computacionais sobre grafeno decorado com escândio para armazenamento reversível de hidrogénio

Amit Ramchiary[IV V], Paritosh Mondal *[1]

[1]*Departamento de Química, Universidade de Assam, 788011*
**Email:paritos au@yahoo.co.in, Telefone:9435176934*

Resumo:

Neste trabalho, investigámos as propriedades de armazenamento de hidrogénio do grafeno decorado com Sc, utilizando o método da teoria do funcional da densidade. O Sc foi adsorvido na posição oca do grafeno com uma energia de ligação de -2,19 eV. A análise da energia de adsorção revelou que um único grafeno decorado com Sc pode ligar-se a 5 moléculas de H2 com uma energia de adsorção média de -0,47 eV/H2, que se situa no intervalo do objetivo do DOE dos EUA para o armazenamento reversível de hidrogénio. A temperatura de dessorção do material foi determinada em 601 K, utilizando a equação de van't Hoff. Com base nestes resultados, o nosso material hospedeiro pode ser utilizado como material de armazenamento de hidrogénio.

Palavras-chave: DFT, armazenamento de hidrogénio, grafeno, interação de Kubas, adsorção.

I Introdução:

O armazenamento de hidrogénio é essencial em aplicações de energia limpa, predominantemente na transição para fontes de energia sustentáveis e renováveis [1]. O hidrogénio é um vetor energético promissor devido à sua elevada densidade de massa e energia e à sua versatilidade. Pode ser produzido a partir de várias fontes renováveis, como a eletrólise da água alimentada por energia solar ou eólica, o que o torna amigo do ambiente [2,3]. Para cumprir o requisito de fabricar veículos movidos a hidrogénio, o Departamento de Energia dos EUA (DOE) deu algumas orientações sobre as necessidades de armazenamento de hidrogénio. O DOE estabeleceu o objetivo de obter uma capacidade de armazenamento gravimétrico de hidrogénio de 5,5 wt% até 2025.

No entanto, o objetivo final é atingir uma capacidade de armazenamento de 6,5 wt% [4-7]. No entanto, o hidrogénio é um gás de baixa densidade e requer métodos de armazenamento eficientes para ultrapassar os desafios associados ao seu transporte, distribuição e utilização [8]. Tradicionalmente, o método de armazenamento do hidrogénio consistia na compressão da fase gasosa num tanque de alta pressão ou na criocompressão do hidrogénio na forma líquida. Estes armazenamentos de hidrogénio são úteis em veículos pesados, mas impraticáveis em veículos ligeiros. O armazenamento sólido de hidrogénio é o método mais útil para esse caso [9].

Os materiais à base de carbono decorados com átomos metálicos têm um potencial promissor como materiais de armazenamento de hidrogénio no estado sólido. A presença de átomos metálicos em materiais à base de carbono pode aumentar significativamente a adsorção de moléculas de hidrogénio. Os átomos metálicos, como o paládio (Pd), a platina (Pt) ou o níquel (Ni), actuam como sítios activos que facilitam a interação e a ligação das moléculas de hidrogénio à superfície do material [10-12]. Zhang et al. investigaram o C3N decorado com lítio e descobriram que cada átomo de Li pode adsorver 10 moléculas de H2 dentro da gama de processos de adsorção física (-0,1 a - 0,4 eV/H2), e a capacidade de armazenamento de hidrogénio pode atingir 8,81 wt% [13]. Os hidretos metálicos à base de lítio podem ser utilizados como armazenamento avançado de hidrogénio no estado sólido, o que resulta em capacidades gravimétricas de armazenamento de hidrogénio dos hidretos LiMnH3, LiFeH3 e LiCoH3 de 4,65, 4,60 e 4,39 wt%, respetivamente. [14] Monocamada de boro decorada com Ti (B.M.), em que uma B.M. decorada com átomos de Ti pode adsorver até 5 moléculas de H2, e a decoração máxima de Ti resulta em 10,44 wt% de armazenamento de hidrogénio. [15] Além disso, Sahoo et al. investigaram o armazenamento reversível de hidrogénio em fulerenos C20 decorados com metais alcalinos (Li e Na) utilizando um estudo funcional de densidade. Cada átomo de Li e Na decorado no C20 adsorve um máximo de até cinco moléculas de H2 através da interação Niu-Rao-Jena, atingindo a densidade gravimétrica máxima de 13,08 wt% e 10,82 wt% para C20Li4e20H2 e C20Na4e20H2, respetivamente. [16] A monocamada 2D B7N5 decorada com Li demonstrou que a dopagem com iões Li não provoca deformações estruturais do material 2D B7N5 puro, e a capacidade gravimétrica atingiu uns impressionantes 8,77 wt% com uma energia de adsorção de - 0,23 eV/ H2 a 293 K (temperatura ambiente) e 101 kPa (pressão atmosférica normal). [17] O armazenamento de hidrogénio no grafenileno inorgânico (SiC) decorado com lítio e sódio revela que a decoração Li/Na melhora significativamente a interação com o H2, acomodando até 48 moléculas de H2 através de uma fisissorção mais forte e o seu armazenamento gravimétrico de hidrogénio atinge 8,27% em peso (Li) e 6,78% em peso (Na), excedendo a referência do Departamento de Energia dos EUA (5,6% em peso). [18] Kim et al. investigaram grafenos poligonais decorados com cálcio para armazenamento de hidrogénio utilizando a teoria do funcional da densidade. Nas formas pristinas, tanto o bifenileno como o y-grafeno ligam fracamente o H2, o que é reforçado pela dopagem com Ca. A capacidade de armazenamento de H2 pode atingir 6,8 e 4,2 wt % para o bifenileno e o y-grafeno decorados com Ca, respetivamente. [19] O grafeno foi sintetizado em 2004 e, atualmente, é um material amplamente aceite e utilizado em diferentes áreas de aplicação, como células solares, armazenamento de energia, sensores, etc. [20]. O grafeno apresenta uma fraca energia de ligação às moléculas de H2, o que resulta na impossibilidade de ser um material de armazenamento de hidrogénio. No entanto, o grafeno apresenta uma energia de ligação relativamente elevada quando decorado com átomos de metal. [21-22]

Neste trabalho, estabelecemos um estudo do grafeno decorado com Sc para armazenamento reversível de hidrogénio. O Sc é o primeiro elemento de transição, que é leve em comparação com outros átomos de transição e tem um orbital d desocupado.

Os mecanismos de ligação são explicados através da densidade de estado projectada (PDOS) e das cargas de Hirshfeld.

2. Detalhes computacionais:

Todos os cálculos foram efectuados para explorar a capacidade de armazenamento de hidrogénio do grafeno decorado com Sc, utilizando o método baseado em DFT no código DMol3 [23,24] com uma supercélula 5 x 5 x 1 de uma monocamada de grafeno. A função de correlação de troca é um método baseado em GGA-PBE com dispersão DFT-D Grimme usando o conjunto de bases DNP O método de polarização de spin foi usado em todos os cálculos. O tratamento do núcleo foi baseado em DFT Semi-core Pseudopots [29], uma energia de tolerância de convergência de $1,0 \times 10^{-5}$, força máxima de 0,002 Ha/A°, e um deslocamento máximo de 0,005 A°. Em termos de integração da zona de Brillion (B.Z.), foram utilizados 5 x 5 x 1 k-pontos utilizando o programa Monkhorst-Pack (M.P.) e um corte orbital global de 4,5 A° para a otimização da estrutura e cálculos de propriedades electrónicas [30]. A espessura da camada de vácuo foi considerada como 20 A ao longo do eixo c para eliminar a interação entre duas camadas vizinhas da monocamada de grafeno.

As energias de ligação dos átomos de escândio (Sc) decorados foram calculadas do seguinte modo

$$E_{Sc}^{b} = (E_{mSc/host} - E_{host} - mE_{Sc}) / m \qquad (1)$$

Em que $E_{mSc/hospedeiro}$, E_{host} e mE_{Sc} representam a energia total do hospedeiro decorado com mSc, a energia total do hospedeiro e a energia total de um átomo de Sc isolado, respetivamente, e m é o número total de átomos de Sc decorados.

A energia de adsorção de H2 por molécula de H2 (E^l) para a enésima molécula de H2 é definida do seguinte modo

$$E_{ad}^{H2} = (E_{nH2/mSc/host} - E_{mSc/host} - nE_{H2}) / n \qquad (2)$$

Onde $E_{nH2/mSc/Grd}$ descreve a energia total das estruturas mSc/hospedeiro nH2 adsorvidas, E_{H2} representa a energia total da molécula de H2 livre e n é o número de moléculas de H2 adsorvidas.

A densidade gravimétrica do armazenamento de hidrogénio foi estimada utilizando a seguinte equação:

$$H_2(wt\%) = \frac{nW_{H_2}}{nW_{H_2} + W_{Mhost}} \times 100 \qquad (3)$$

Onde, W_{H2} é a massa da molécula de hidrogénio e W_{Mhost} é a massa do hospedeiro decorado, e n é o número de moléculas de hidrogénio adsorvidas. Neste estudo, o hospedeiro é o Sc@graphene.

3. Resultados e discussão:

A Figura 1a é a estrutura optimizada de uma monocamada de grafeno 5x5x1. O comprimento optimizado da ligação C-C é de 1,42 A, o que é comparável ao relatório anterior[31]. Tem três locais de adsorção, nomeadamente oco (h), topo do carbono (t) e ponte da ligação C-C (b), como se pode ver na Figura 1a. A Figura 1b é um gráfico da estrutura de bandas do grafeno puro. O intervalo de banda do grafeno puro é zero no ponto de simetria K.

Depois de otimizar a monocamada de grafeno, estabelecemos um local de adsorção estável para o átomo de Sc. Adsorvemos o átomo de Sc a 2 A acima da monocamada de grafeno na localização acima mencionada e relaxámos a estrutura. A estrutura relaxada é mostrada na Figura 2a-c. A energia de ligação do Sc na monocamada de grafeno é calculada utilizando a Eqn. 1. Três locais de adsorção mostram uma ligação fraca em relação ao átomo de Sc, exibindo -1,85, -2,18 e -2,19 eV para t, b e h, respetivamente. As posições b e h aumentam a energia de ligação de forma semelhante, mas a configuração entre elas é que a posição h é a mais estável, mas o átomo de Sc da posição b move-se em direção ao local h. A estrutura de bandas do grafeno decorado com Sc é mostrada na Figura 2d. Após a adição do átomo de Sc, o intervalo de banda do material muda, perdendo o ponto de Dirac na simetria do ponto K.

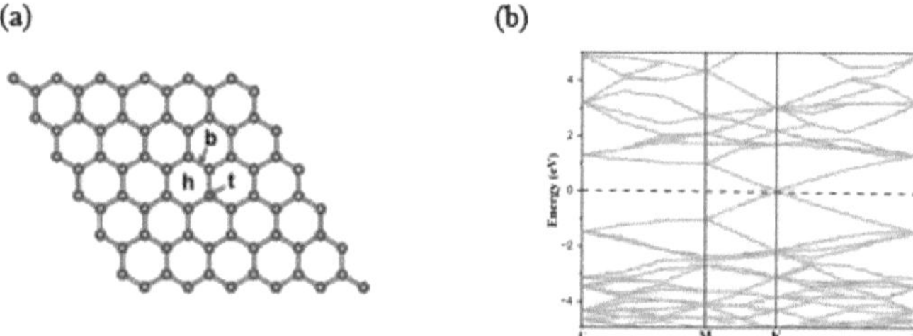

Figura 1. Estrutura optimizada de (a) uma monocamada de grafeno 5x5x1; estrutura de bandas de (b) grafeno

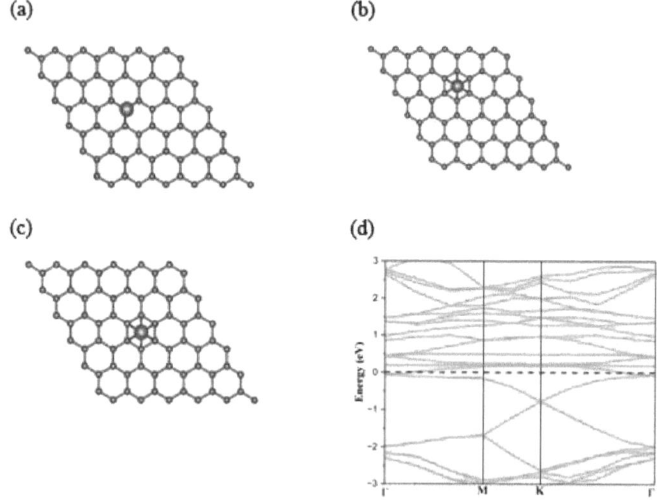

Figura 2. Estrutura optimizada da adsorção de Sc no grafeno em (a) topo do carbono, t; (b) ponte, b e (c) oco, h; estrutura de bandas de (d) Sc@grafeno

Inicialmente, adicionámos uma molécula de IH2 acima do átomo de Sc no hospedeiro a uma distância de 2 A. Após o relaxamento, verificámos que a molécula de 1H2 se move a 2,21 A do átomo de Sc. A energia de adsorção do hidrogénio é de -0,28 eV/H2, que é superior à do grafeno puro (-0,06 eV/H2). O nosso cálculo situa-se no intervalo dos dados do DOE dos EUA para o armazenamento de hidrogénio. Assim, adicionámos mais hidrogénio ao Sc@graphene. Além de 2 moléculas de H2, a energia de adsorção do hidrogénio é de -0,56 eV/H2. Da mesma forma, adicionámos hidrogénio um a um ao Sc@graphene e finalmente descobrimos que o nosso sistema hospedeiro é capaz de adsorver 5 moléculas de H2. A estrutura relaxada das adsorções de 1-5H2 no Sc@graphene é apresentada na Figura 3. O resultado da adsorção de H2 em Sc @ grafeno para um único átomo de metal, incluindo energia média de adsorção de H2 por molécula de H2 (EHг), distância média da ligação Sc-H (A °), distância média da ligação H-H (A °), temperatura de dessorção (Tdes), capacidade de armazenamento de hidrogênio (wt%), Hirshfeld As cargas do átomo de Sc (Q, (e)) são apresentadas na Tabela 1.

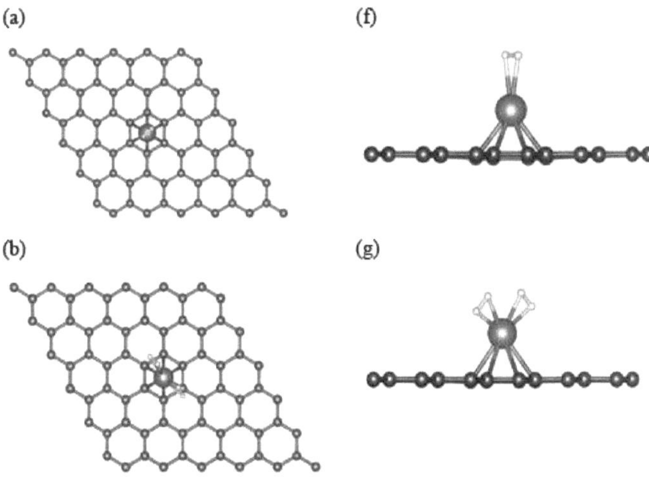

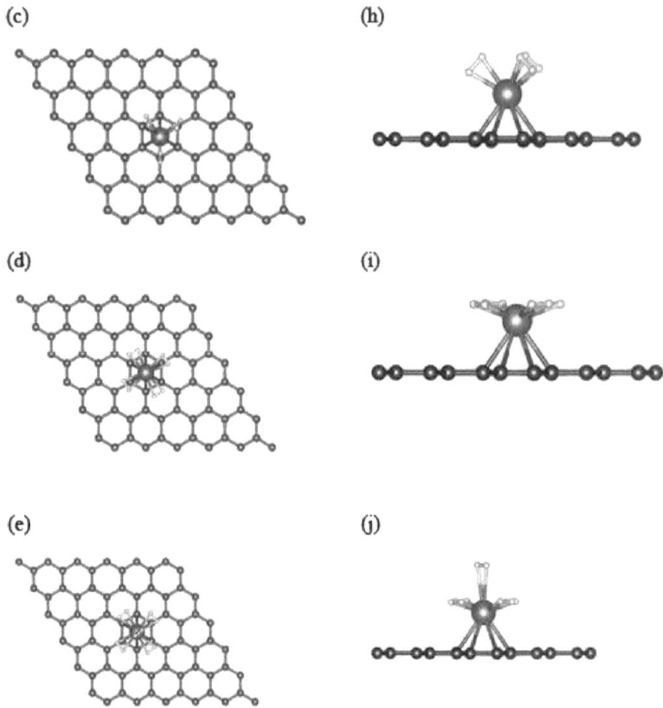

Figura 3. (a)-(e) e (f)-(j) mostram as vistas superior e lateral do Sc@graphene com adsorção de nH2. Onde, n=1-5.

Complexo	almofada H2^c (eV/H2)	Sc-H (A°)	H-H (A°)	Tdes (K)	% em peso	Q (e)
Sc@graphene + 1H2	-0.28	2.21	0.792	358	0.31	0.52
Sc@graphene + 2H2	-0.56	1.95	0.877	716	0.62	0.45
Sc@graphene + 3H2	-0.51	2.01	0.838	652	0.93	0.37
Sc@graphene + 4H2	-0.54	2.01	0.825	690	1.23	0.36
Sc@graphene + 5H2	-0.48	2.10	0.814	614	1.54	0.31

Quadro 1. Resumo da adsorção de H2 no Sc@grafeno para um único átomo de metal, incluindo a energia média de adsorção de H2 por molécula de H2 (EHI), a distância média da ligação Sc-H (A°), a distância média da ligação H-H (A°), a temperatura de dessorção (Tdes), a capacidade de armazenamento de hidrogénio (wt%), as cargas de Hirshfeld do átomo de Sc (Q, (e)).

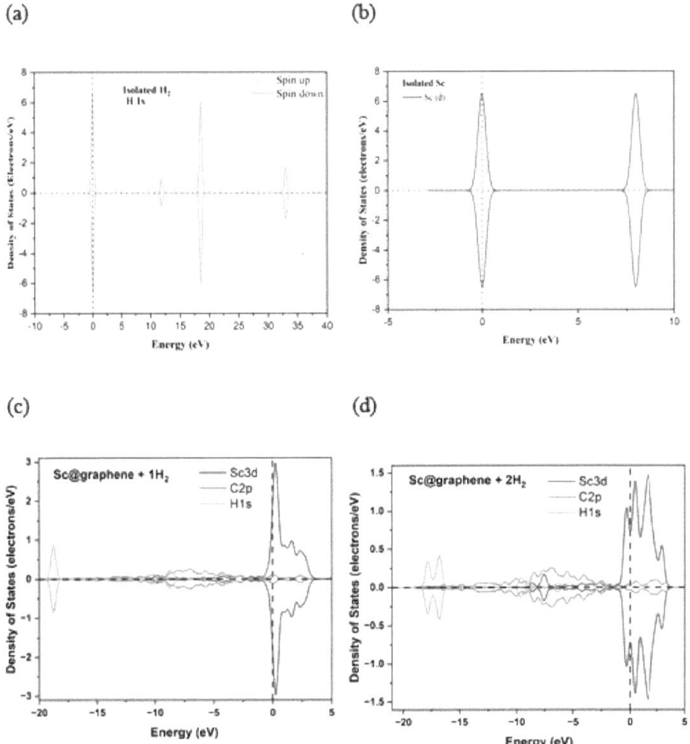

Figura 4. Densidade de estados projectada de (a) molécula de H2 isolada, (b) átomo de Sc isolado, (c) Sc@graphene + 1H2, e (d) Sc@graphene + 2H2

O mecanismo de ligação da molécula de H2 é explicado através da densidade de estados projectada. A partir da Figura 4, podemos ver que a intensidade de diferentes orbitais diminui ou aumenta. No Sc@graphene + 1H2, há um novo pico da molécula de H2 entre -18 e -19 eV, o que confirma o ganho de cargas do átomo de Sc.

Além disso, no nível de fermi, a intensidade do pico do átomo de Sc isolado diminuiu gradualmente quando adicionámos moléculas de H2, o que é claramente visível na Figura 4c-d. Estas diminuições graduais explicam a perda de carga do átomo de Sc, que já foi mencionada através das cargas de Hirshfeld na Tabela 1. Toda a ligação de hidrogénio é fisicamente adsorvida sem quebrar a ligação H-H na molécula de H2. Isto deve-se à interação de Kubas da ligação de retorno da orbital 3d da Sc à orbital o* das moléculas de H2, resultando no alongamento da ligação H-H em comparação com a molécula de H2 isolada.

4. Conclusão:

A teoria do funcional da densidade foi realizada para prever as propriedades de armazenamento de hidrogénio do grafeno decorado com Sc. O átomo de Sc liga-se na posição oca do grafeno. Um único átomo de Sc liga 5 moléculas de H2, resultando numa energia média de adsorção de hidrogénio de -0,47 eV e num armazenamento de hidrogénio de 1,54 wt%. A temperatura de dessorção é de 601K utilizando a equação de van't Hoff. O mecanismo de ligação da molécula de H2 é explicado através da análise de carga de Hirshfeld e do gráfico da densidade de estados projectada.

Agradecimentos:

O autor PM está grato ao Science and Engineering Research Board (SERB), Nova Deli, Índia, pelo apoio financeiro (Ficheiro n.º: **EEQ/2021/000136**), e A.R. está grato ao National Fellowship Scheme for Higher Education of S.T. Students, Ministério dos Assuntos Tribais (MoTA), Governo da Índia.

Referências:

(1) Pareek, A.; Dom, R.; Gupta, J.; Chandran, J.; Adepu, V.; Borse, P. H. Insights into Renewable Hydrogen Energy: Recent Advances and Prospects. *Mater Sci Energy Technol* **2020**, *3*, 319-327. https://doi.org/10.1016/j.mset.2019.12.002.

(2) Nicoletti, G.; Arcuri, N.; Nicoletti, G.; Bruno, R. A Technical and Environmental Comparison between Hydrogen and Some Fossil Fuels (Uma comparação técnica e ambiental entre o hidrogénio e alguns combustíveis fósseis). *Energy Convers Manag* **2015**, *89*, 205-213. https://doi.org/10.1016/j.enconman.2014.09.057.

(3) Revankar, S. T. Nuclear Hydrogen Production. Armazenamento e hibridização da energia nuclear: *Techno-economic Integration of Renewable and Nuclear Energy* **2019**, 49-117. https://doi.org/10.1016/B978-0-12-813975-2.00004-1.

(4) Boateng, E.; Chen, A. Recent Advances in Nanomaterial-Based Solid-State Hydrogen Storage (Avanços recentes no armazenamento de hidrogénio em estado sólido com base em nanomateriais). *Mater Today Adv* **2020,** *6,* 100022. https://doi.Org/10.1016/j.mtadva.2019.100022.

(5) Abe, J. O.; Popoola, A. P. I.; Ajenifuja, E.; Popoola, O. M. Hydrogen Energy, Economy and Storage: *Revisão e Recomendação. Int J Hydrogen Energy* **2019**, *44* (29), 15072- 15086. https://doi.org/10.1016/j.ijhydene.2019.04.068.

(6) U.S. Department of Energy, DOE Technical Targets for Onboard Hydrogen Storage for Light-Duty Vehicles | Departamento de Energia. https://www.energy.gov/eere/fuelcells/DoE-technical-targets-onboard-hydrogen-storage-light-duty-vehicles

(7) Departamento de Energia dos EUA, DOE Technical Targets for Hydrogen Storage Systems for Material Handling Equipment | Departamento de Energia. https://www.energy.gov/eere/fuelcells/DoE-technical-targets-hydrogen-storage-systems-material-handling-equipment

(8) Tarhan, C.; Qil, M. A. Um estudo sobre o hidrogénio, a energia limpa do futuro: Métodos de armazenamento de hidrogénio. *J Energy Storage* **2021**, *40,* 102676. https://doi.org/10.1016Zj.est.2021.102676.

(9) Vaidyanathan, A.; Mane, P.; Wagh, V.; Chakraborty, B. Computational Design for Enhanced Hydrogen Storage on the Newly Synthesized 2D Polyaramid via Titanium and Zirconium Decoration. *ACS Appl. Mater. Interfaces* **2024**, *16* (7), 8589-8602.

https://doi.org/10.1021/acsami.3c14088.

(10)   Xiao, H.; Li, S. H.; Cao, J. X. First-Principles Study of Pd-Decorated Carbon Nanotube for Hydrogen Storage. *Chem Phys Lett* **2009**, *483* (1-3), 111-114. https://doi.org/10.1016/j.cplett.2009.10.047.

(11)   Lopez-Corral, I.; German, E.; Juan, A.; Volpe, M. A.; Brizuela, G. P. DFT Study of Hydrogen Adsorption on Palladium Decorated Graphene. *J. Phys. Chem. C* **2011**, *115* (10), 4315-4323. https://doi.org/10.1021/JP110067w.

(12)   Sharma, A. Hydrogen Storage in Platinum Loaded Single-Walled Carbon Nanotubes (Armazenamento de Hidrogénio em Nanotubos de Carbono de Parede Única Carregados com Platina). *Int J Hydrogen Energy* **2020**, *45* (44), 23966-23970. https://doi.org/10.1016/j.ijhydene.2019.09.025.

(13)   Zhang, X.; Hao, J.; Gao, S.; Wu, L.; Wu, G.; Chen, F.; Gao, L.; Lu, P. Lithium Decorated C $_3$ N as High Capacity Reversible Hydrogen Storage Material: Insights da teoria do funcional da densidade. *Int J of Quantum Chemistry* **2022**, *122* (23), e26997. https://doi.org/10.1002/qua.26997.

(14)   Ali, M.; Bibi, Z.; Mubashir, M.; Younis, M. W.; Afzal, U.; El-marghany, A. A Computational Investigation of Lithium-Based Metal Hydrides for Advanced SolidState Hydrogen Storage. *ChemistrySelect* **2024**, *9* (10), e202304582. https://doi.org/10.1002/slct.202304582.

(15)   Zhang, F.; Chen, R.; Zhang, W.; Zhang, W. A Ti-Decorated Boron Monolayer: Um material promissor para armazenamento de hidrogénio. *RSC Adv.* **2016**, *6* (16), 12925-12931. https://doi.org/10.1039/C5RA23459J.

(16)   Sahoo, R. K.; Chakraborty, B.; Sahu, S. Armazenamento reversível de hidrogénio em fulereno C20 decorado com metais alcalinos (Li e Na): Um Estudo Funcional de Densidade. *International Journal of Hydrogen Energy* **2021**, *46* (80), 40251-40261. https://doi.org/10.1016Zj.ijhydene.2021.09.219.

(17)   Zhang, L.; Ren, J.; Cheng, J.; Chen, X. Investigação dos primeiros princípios de novos meios de armazenamento de hidrogénio reversíveis à temperatura ambiente: A Li-Decorated 2D B7N5 Monolayer. *Journal of Energy Storage* **2024**, *80*, 110217. https://doi.Org/10.1016/j.est.2023.110217.

(18)   Martins, N. F.; Maia, A. S.; Laranjeira, J. A. S.; Fabris, G. S. L.; Albuquerque, A. R.; Sambrano, J. R. Armazenamento de Hidrogénio no Grafeno Inorgânico Decorado com Lítio e Sódio. *International Journal of Hydrogen Energy* **2024**, *51*, 98107. https://doi.Org/10.1016/j.ijhydene.2023.10.328.

(19)   Kim, J.; Kim, H.; Kim, J.; Bae, H.; Singh, A.; Hussain, T.; Lee, H. CalciumDecorated Polygon-Graphenes for Hydrogen Storage. *ACS Appl. Energy Mater.* **2023**, *6* (12), 6807-6813. https://doi.org/10.1021/acsaem.3c01020.

(20)   A.K. Geim, Graphene prehistory, Physica Scripta 2012 (2012) 014003. https://doi.org/10.1088/0031-8949/2012/T146/014003.

(21)   Tozzini, V.; Pellegrini, V. Prospects for Hydrogen Storage in Graphene. *Físico-Químico. Chem. Phys.* **2013**, *15* (1), 80-89. https://doi.org/10.1039/C2CP42538F.

(22)   Ghotia, S.; Rimza, T.; Singh, S.; Dwivedi, N.; Srivastava, A. K.; Kumar, P.

Hetero-Atom Doped Graphene for Marvellous Hydrogen Storage: Unveiling Recent Advances and Future Pathways (Revelando avanços recentes e caminhos futuros). *J. Mater. Chem. A* **2024**, *12* (21), 12325-12357. https://doi.org/10.1039/D4TA00717D.

(23)   B. Delley, An all-electron numerical method for solving the local density functional for polyatomic molecules, *J. Chem Phys* **1990**, *92*, 508-517. https://doi.org/10.1063Z1.458452.

(24)   B. Delley, From molecules to solids with the DMol3 approach, The Journal of Chemical Physics 113 (2000) 7756-7764. https://doi.org/10.1063/1.1316015.

(25)   J.P. Perdew, K. Burke, M. Ernzerhof, Generalized Gradient Approximation Made Simple, *Phys. Rev. Lett.* **1996**,   *77*,   3865-3868. https://doi.org/10.1103/PhysRevLett.77.3865.

(26)   M. Ernzerhof, G.E. Scuseria, Assessment of the Perdew-Burke-Ernzerhof exchange-correlation functional, *J Chem Phys* **1999**, *110*, 5029-5036. https://doi.org/10.1063Z1.478401

(27)   Grimme, S.; Ehrlich, S.; Goerigk, L. Effect of the Damping Function in Dispersion Corrected Density Functional Theory. *J. Comput. Chem.* **2011**, *32* (7), 1456-1465. https://doi.org/10.1002/jcc.21759.

(28)   Grimme, S. Density Functional Theory with London Dispersion Corrections (Teoria do Funcional da Densidade com Correcções de Dispersão de Londres). *Wiley Interdiscip. Rev. Comput. Mol. Sci.* **2011**,*1*   (2),   211-228. https://doi.org/10.1002/wcms.30.

(29)   E.R. McNellis, J. Meyer, K. Reuter, Azobenzene at coinage metal surfaces: Role of dispersive van der Waals interactions *Phys. Rev. B* **2009**, *80*, 205414. https://doi.org/10.1103/PhysRevB.80.205414.

(30)   H.J. Monkhorst, J.D. Pack, Special points for Brillouin-zone integrations *Phys. Rev. B* **1976**, *13*, 5188-5192. https://doi.org/10.1103/PhysRevB.13.5188.

(31)   Gao, H.; Liu, Z. Estudo DFT da Adsorção de NO em Grafeno Pristino. *RSC Adv.*
2017, *7* (22), 13082-13091. https://doi.org/10.1039/C6RA27137E.

A-08: Resposta LSPR induzida por agregação de nanoclusters de ouro ultra-pequenos

Debarun Sen[VI VII] , Paritosh Mondal[1] , Sujit Kumar Ghosh[2]
[1]Departamento de Química, Universidade de Assam, Silchar
Departamento de Química, Universidade de Jadavpur, Calcutá

Resumo:

A ressonância plasmónica de superfície localizada é um fenómeno em que os electrões da banda de condução oscilam de forma coerente na interação com uma radiação electromagnética. A banda LSPR aparece para as nanopartículas tipicamente maiores do que 3 nm de diâmetro. Para as partículas de menor dimensão (nanoclusters), não se observa qualquer banda LSPR. Foram preparados nanoclusters de ouro "não plasmónicos" estabilizados com tiol através do método Brust-Schffirin, que se caracterizam pela ausência de uma forte banda de absorção na região do visível. A agregação foi induzida pela variação do agente estabilizador. O aparecimento gradual da banda de plasmon é observado. Foi estudada a interação dos nanoclusters, dos seus agregados e das partículas de maiores dimensões com a radiação electromagnética.

I Introdução:

A ressonância plasmónica de superfície localizada (LSPR) é um fenómeno observado no caso de nanopartículas metálicas em que os electrões da banda de condução oscilam coerentemente sob a influência de uma radiação electromagnética. Esta oscilação ressonante conduz a uma forte absorção e dispersão da luz na região do visível, que pode ser regulada alterando o tamanho, a forma e a composição material das nanopartículas. A LSPR tem sido uma área de grande interesse em nanofotónica e nanoóptica devido às suas propriedades ópticas únicas e à sua vasta gama de aplicações, incluindo deteção biológica e química, dispositivos fotovoltaicos, células solares e terapia do cancro. Os primeiros estudos que descrevem a LSPR remontam ao trabalho de Gustav Mie, que em 1908 estabeleceu uma teoria de dispersão para descrever a extinção da luz por partículas esféricas [1]. Esta teoria foi posteriormente alargada a partículas não esféricas, levando a uma compreensão mais profunda da influência da morfologia nas propriedades ópticas de uma nanopartícula metálica [2]. A condição de ressonância, quando a frequência da radiação electromagnética incidente coincide com a frequência da oscilação dos electrões da superfície contra a força restauradora do núcleo positivo, leva a um aumento significativo do campo eletromagnético na superfície da nanopartícula.

Os recentes avanços nas técnicas de nanofabricação permitiram a síntese de nanopartículas com forma e tamanho controlados, possibilitando o desenvolvimento de sensores altamente sensíveis baseados em LSPR. Estes sensores podem mesmo detetar uma alteração muito pequena do índice de refração local, o que os torna a escolha ideal para aplicações em deteção química e biológica [3]. Por exemplo, os sensores LSPR têm sido amplamente utilizados na deteção de biomarcadores de doenças, agentes poluentes do ambiente e agentes de guerra química com grande sensibilidade e especificidade [4]. Além disso, a LSPR não se limita apenas a aplicações de deteção. Também desempenha um papel importante no aumento da eficiência de um dispositivo fotovoltaico, melhorando a sua propriedade de absorção de luz e ajudando a separação de cargas no regime de nanoescala [5]. A interação da radiação electromagnética com uma partícula plasmónica pode levar à geração de electrões quentes e buracos quentes que podem ser utilizados em fotodetectores e fotocatálise [6]. A ressonância plasmónica de superfície localizada é um fenómeno versátil e poderoso que melhora as interações luz-matéria à nanoescala e abre inúmeras possibilidades para aplicações inovadoras na deteção, imagiologia e conversão de energia.

As nanopartículas são geralmente constituídas por dezenas e milhares de átomos, o que resulta na sobreposição dos estados energéticos, dando origem à formação de bandas e à natureza volumosa das nanopartículas. Pelo contrário, as nanopartículas de ouro ultra-pequenas são nanoestruturas compostas por poucos átomos. A presença de poucos átomos leva a que essas partículas tenham propriedades semelhantes às de uma molécula. A energia do "band gap" é maior do que a energia à temperatura ambiente, pelo que os electrões ficam confinados a níveis de energia e não podem mover-se dentro das bandas. Isto resulta na excitação de um único eletrão [7]. A agregação de partículas pode ser explicada através da teoria DLVO (nomeada em homenagem a Derjaguin, Landau, Verwey e Overbeek). De acordo com esta teoria, a agregação entre as nanopartículas é induzida quando a interação de Van der Waals entre as partículas é maior do que a repulsão coulombiana. Isto pode ser conseguido quer aumentando o tamanho das nanopartículas quer reduzindo a sua carga superficial [8]. A resposta plasmónica dos agregados de nanopartículas pode ser derivada da teoria do meio eficaz de Maxwell-Garnett, segundo a qual as propriedades dieléctricas do agregado dependem da relação entre o espaço preenchido pelas partículas no agregado [9].

Uma das principais consequências da ressonância plasmónica de superfície localizada é o aumento do campo próximo. As cargas são acumuladas na superfície que interage com o campo eletromagnético de entrada resultando no aumento da intensidade do campo elétrico. O presente trabalho tem como objetivo estudar a interação de um campo elétrico com as nanopartículas ultra-pequenas e os seus agregados em comparação com uma partícula maior (5 nm).

2. Secção Experimental:

A síntese de nanopartículas de ouro ultra-pequenas foi realizada de acordo com o método Burst-Schiffirin [10], no qual o ácido tetracloroáurico aquoso é misturado com uma solução de bromento de tetraoctilamónio (TOAB) em tolune. A mistura é agitada durante 20 minutos até que a coloração amarela da fase aquosa desapareça e a fase de tolúmen adquira uma cor laranja. Isto indica a transferência de fase dos iões Au (III) da fase aquosa para a fase orgânica. A solução orgânica de Au (fase tolune) é tratada com uma solução de 1-Dodecanotiol num ambiente gelado e a mistura é agitada durante 20 minutos, o que resulta no desaparecimento da cor laranja. Nesta fase, os iões Au (III) são reduzidos a iões Au (I). Adiciona-se então à mistura transparente uma solução de borohidreto orgânico [borohidreto de tetrabutilamónio (TBA-BH4) em tolúmen] que induz uma cor castanha-avermelhada na solução, o que indica a redução dos iões Au (I) a átomos Au (0). A mistura reacional é agitada durante 10 minutos para permitir a conclusão da reação. O 1-dodecanotiol é utilizado como agente de cobertura e o borohidreto orgânico (TBA-BH4) é utilizado como agente redutor.

As etapas da reação são as seguintes:

$HAuCl4 + (C_8H_{17})_4 N^+ Br^- >[(C_8H_{17})_4 N]^+ [AuCl4]^-$

$Au(in) + \text{dded} \rightarrow Au(i)$

$Au(i) \rightarrow Au(0)$

A quantidade de borohidreto de tetrabutilamónio (TBA-BH4) foi variada e observou-se uma mudança na cor do coloide resultante. Um aumento da quantidade de agente redutor induz a agregação entre as partículas, uma vez que o excesso de TBA-BH4 actua como eletrólito.

Tabela 1. Resumo das condições de síntese e das caraterísticas físicas dos agregados.

Conjunto	Conc. de $AuCl_4^-$ em fase tolune (mM)	Conc. de 1-Dodecanotiol (mM)	Conc. de TBA-BH4 (mM)	Cor
1.	0.25	0.5	0.1	Castanho pálido
2.	0.25	0.5	0.5	Castanho pálido
3.	0.25	0.5	1.0	Palha Castanho Escuro
4.	0.25	0.5	1.5	Castanho
5.	0.25	0.5	2.0	Castanho-vermelho

3. Resultado e discussão:

3.1 Espectroscopia de absorção UV-Visível:

Os plasmões e a ressonância plasmónica de superfície localizada podem ser observados na espetroscopia de absorção. Uma banda LSPR pode ser caracterizada por uma forte banda de absorção na região visível do espetro. Inicialmente, para o conjunto 1, pode observar-se que não está presente nenhuma banda de absorção intensa na região do visível. À medida que aumentamos a concentração do agente redutor, a banda de plasmon aparece gradualmente. Isto indica a formação de colóides de maior tamanho à medida que a concentração de TBA-BH4 é aumentada.

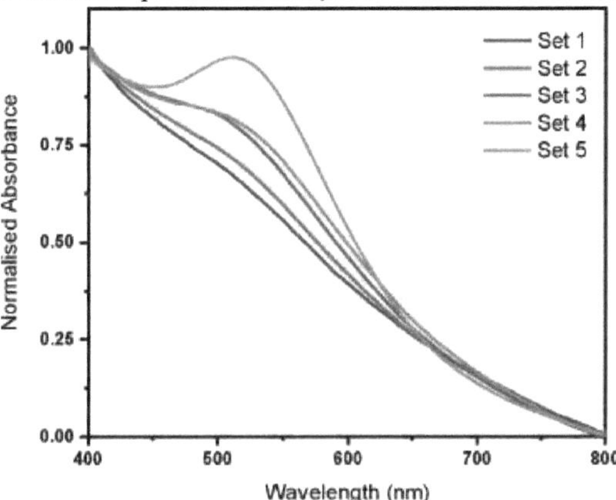

Figura 1. Espectro de absorção UV-Visível para os colóides sintetizados mostrando a aparecimento gradual da banda de plasmon.

3.2 Análise de elementos finitos:

A análise de elementos finitos foi efectuada através do "módulo de radiofrequência" no software COMSOL Multiphysics. O aumento do campo elétrico foi simulado para vários sistemas, *nomeadamente* uma esfera de ouro de 1 nm, uma esfera de ouro de 5 nm e um agregado de esferas de 1 nm de tamanho 5 nm. Verificou-se que, para todos os sistemas, o campo elétrico próximo é aumentado à superfície. O campo elétrico de fundo foi considerado como sendo de 1 V/m. À medida que o comprimento de onda da radiação recebida é aumentado, para todos os sistemas, $|Emax|^2$ atinge um máximo e depois diminui. As nanoestruturas, sendo esféricas por natureza, têm polarização dipolar, o que é evidente na figura 2. No caso dos agregados, as regiões entre as nanoestruturas de superfície são iluminadas devido à interação de ligação entre os estados plasmónicos das nanoestruturas em interação, o que está de acordo com a teoria da hibridação plasmónica [11]. Observa-se que a região entre as nanopartículas axiais é escurecida, o que indica a interação anti-ligação entre as partículas.

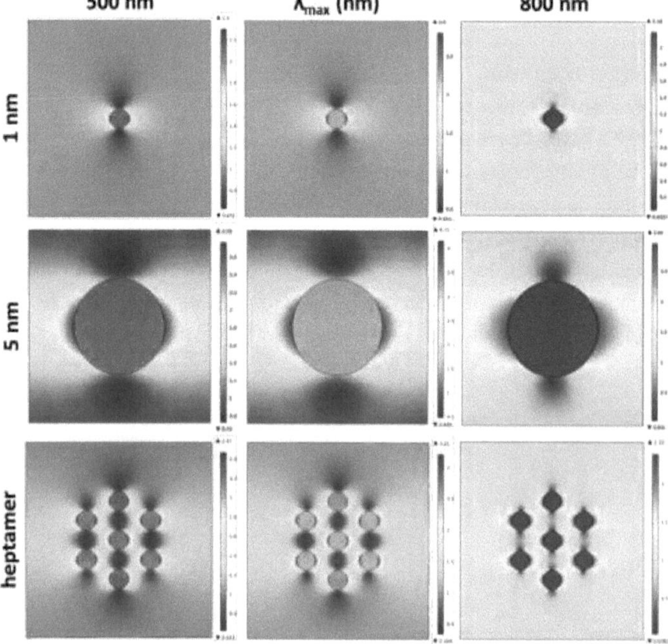

Figura 2. Interação do campo elétrico com a partícula de 1 nm, a partícula de 5 nm e o agregado de partículas de 1 nm de tamanho 5 nm para 500 nm, x_{max} e 800 nm.

A partir da figura 3, pode observar-se que o valor $|Emax|^2$ é o menor para a partícula de 1 nm e aumenta gradualmente com o aumento do tamanho da partícula. O valor de $|Emax|^2$ é máximo para o agregado, sendo mesmo superior ao da nanopartícula do mesmo tamanho (5 nm). Isto pode ser atribuído à interação entre as nanoestruturas individuais num agregado. Verifica-se que o x_{max} é de 530 nm, 535 nm e 536 nm para partículas de 1 nm, 5 nm e o agregado de partículas de 1 nm, respetivamente.

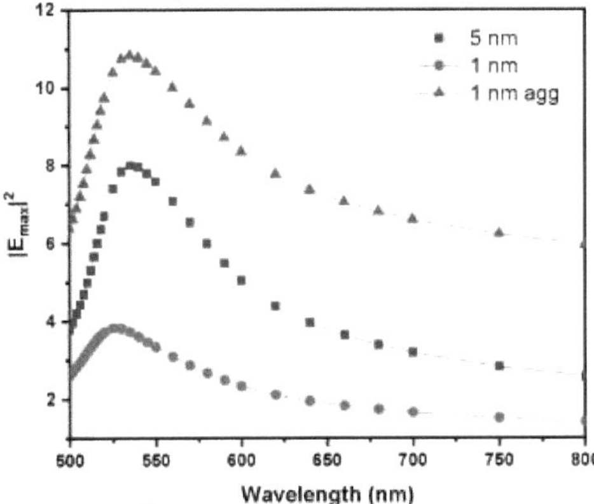

Figura 3. Gráfico para $|Emax|^2$ vs comprimento de onda para partículas individuais de 1 nm, partículas de 5 nm,

e o agregado de partículas de 1 nm com um tamanho de 5 nm.

Mantendo o tamanho do agregado igual, o número de partículas no agregado foi alterado. Considerámos um dímero, trímero, tetrâmero e heptâmero na região de 5 nm de diâmetro. À medida que o número de unidades monoméricas aumenta $|Emax|^2$ aumenta.

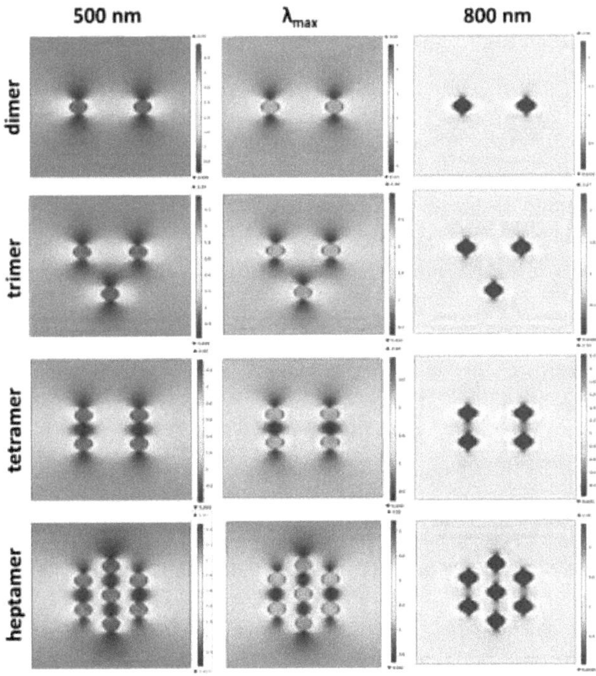

Figura 4. Aumento do campo elétrico na superfície do agregado de nanopartículas

com diferentes números de monómeros.

Curiosamente, o x_{max} não se alterou com a alteração do número de partículas em interação num agregado. O x_{max} é de 536 nm para todos os agregados, mas o aumento do campo próximo diminui com a diminuição do número de partículas num agregado. Isto pode dever-se ao aumento da distância de separação entre as partículas à medida que o número de partículas num agregado diminui.

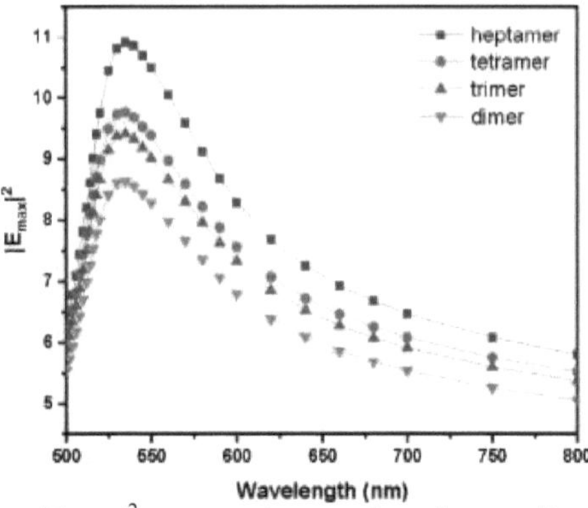

Figura 5. Gráfico para $|Emax|^2$ vs comprimento de onda para dímero, trímero, tetrâmero e heptâmero em

um agregado de tamanho 5 nm.

4. Conclusão:

Verifica-se que os agregados de nanopartículas de ouro ultra-pequenas aumentam o campo elétrico próximo mais do que a nanoesfera do mesmo tamanho devido à hibridação plasmónica entre as esferas individuais num agregado. À medida que o agregado é alterado de dímero para heptâmero, mantendo o mesmo tamanho global do agregado, o valor $|Emax|^2$ aumenta com o aumento do número de partículas em interação, uma vez que um maior número de partículas reduz a distância de separação entre elas.

Referências

1. Mie, G. Beitrage Zur Optik Truber Medien, Speziell Kolloidaler Metallosungen. *Ann. Phys.* **1908**, *330* (3), 377-445. https://doi.org/10.1002/andp.19083300302.

2. Bohren, C. F.; Huffman, D. R. *Absorption and Scattering of Light by Small Particles*; 1998. https://doi.org/10.1002/9783527618156.

3. Anker, J. N.; Hall, W. P.; Lyandres, O.; Shah, N. C.; Zhao, J.; Van Duyne, R. P. Biosensing with Plasmonic Nanosensors. *Nat. Mater.* **2008**, *7* (6), 442453. https://doi.org/10.1038/nmat2162.

4. Mayer, K. M.; Hafner, J. H. Localized Surface Plasmon Resonance Sensors. *Chem. Rev.* **2011**, *111* (6), 3828-3857. https://doi.org/10.1021/cr100313v.

5. Atwater, H. A.; Polman, A. Plasmonics for Improved Photovoltaic Devices. *Nat. Mater.* **2010**, *9* (3), 205-213. https://doi.org/10.1038/nmat2629.

6. Clavero, C. Geração de electrões quentes induzida por plasmon nas interfaces nanopartículas/óxido metálico para dispositivos fotovoltaicos e fotocatalíticos. *Nat. Photonics* **2014**, *8* (2), 95-103. https://doi.org/10.1038/nphoton.2013.238.

7. Zhou, M.; Du, X.; Wang, H.; Jin, R. O número crítico de átomos de ouro para um nanocluster de estado metálico: Resolvendo uma questão de décadas. *ACS Nano* **2021**, *15* (9), 13980-13992. https://doi.org/10.1021/acsnano.1c04705.

8. Ghosh, S. K.; Pal, T. Interparticle Coupling Effect on the Surface Plasmon Resonance of Gold Nanoparticles: From Theory to Applications. *Chem. Rev.* **2007**, *107* (11), 4797-4862. https://doi.org/10.1021/cr0680282.

9. Garnett, J. C. M. XII. Cores em Vidros Metálicos e em Filmes Metálicos. *Philos. trans. R. Soc. Lond.* **1904**, *203* (359-371), 385-420. https://doi.org/10.1098/rsta.1904.0024.

10. Perala, S. R. K.; Kumar, S. Sobre o Mecanismo de Síntese de Nanopartículas Metálicas no Método de Brust-Schiffrin. *Langmuir* **2013**, *29* (31), 98639873. https://doi.org/10.1021/la401604q.

11. Nordlander, P.; Oubre, C.; Prodan, E.; Li, K.; Stockman, M. I. Plasmon Hybridization in Nanoparticle Dimers. *Nano Lett.* **2004**, *4* (5), 899-903. https://doi.org/10.1021/nl049681c.

A-08: Nanocompósito MOF de aminoácidos de cobre encapsulado em pontos quânticos de grafeno

G. Mehbuba Choudhury, Himadri Acharya

Centro de Assuntos Suaves, Departamento de Química, Universidade de Assam, Silchar, Assam
Correio eletrónico: choudhurygmehbuba@gmail.com

Resumo:

Os pontos quânticos de grafeno encapsulados em MOF de aminoácidos à base de cobre foram sintetizados através de uma síntese química húmida de um só lote. A estrutura e as propriedades do nanocompósito Cu-MOF-GQD sintetizado foram elucidadas por difração de raios X, espetroscopia de infravermelhos com transformada de Fourier (FTIR) e análise termogravimétrica (TGA). O nanocompósito mostrou excelentes propriedades fluorescentes no encapsulamento do GQD. O elevado desempenho catalítico do nanocompósito foi demonstrado através da oxidação do peróxido de o-fenilenodiamina (OPD).

Palavras-chave: MOF de aminoácidos, ponto quântico de grafeno, nanocompósito

1. Introdução:

As estruturas metal-orgânicas (MOFs), também conhecidas como redes de coordenação porosas (PCNs), têm merecido o interesse da comunidade científica nos últimos vinte anos, representando avanços significativos na ciência dos materiais [1]. As suas vastas áreas de superfície interna, grandes volumes de vazios e a variedade de combinações de ligandos metálicos e orgânicos, juntamente com a capacidade de ajustar as suas propriedades estruturais através de métodos pré e pós-sintéticos, tornam os MOFs altamente versáteis para numerosas aplicações nos domínios biológico e industrial. A topologia e as caraterísticas estruturais únicas dos MOFs proporcionam funcionalidades consideráveis, e as suas diversas técnicas de síntese e modificação permitem a criação de estruturas MOF personalizadas, adaptadas a necessidades específicas. Estas aplicações vão desde supercapacitores, catálise, captura de carbono e tecnologias de absorção e armazenamento de gás até à separação magnética e molecular, biossensores e muito mais. Os métodos mais populares para sintetizar MOFs incluem o método de evaporação de solventes, o método de difusão, o método hidro (solvo)térmico, a reação por micro-ondas e o método ultrassónico. Embora muitas MOFs industriais contenham iões metálicos tóxicos e ligandos orgânicos, as formulações para aplicações biomédicas dão prioridade à biocompatibilidade e à segurança [2,3]. Os esforços no sentido de utilizar MOFs para aplicações biomédicas e a crescente procura de MOFs amigos do ambiente na indústria têm impulsionado a exploração de combinações de metais e ligandos biocompatíveis, não tóxicos ou minimamente tóxicos [4]. Assim, é difícil sintetizar estruturas de coordenação que sejam seguras e não tóxicas para várias aplicações. A este respeito, as MOF concebidas a partir de moléculas biológicas, incluindo aminoácidos, estão a emergir como bio-ligandos essenciais em formulações bio-MOF [5]. Entre estas biomoléculas, os aminoácidos são particularmente importantes. Constituem as unidades funcionais mais pequenas das proteínas e influenciam as interações com outras moléculas principalmente através de interações fracas não covalentes facilitadas pelos seus grupos carboxilato e amino. Estes grupos também funcionam como locais de quelação ou complexação de metais, desempenhando um papel crucial na química de coordenação dos bio-MOFs [6]. Os diversos grupos laterais dos aminoácidos, que podem ser carregados, hidrofílicos/hidrofóbicos ou alifáticos/aromáticos, proporcionam uma vasta gama de locais de ligação para iões metálicos. Esta versatilidade deve-se à presença de três potenciais sítios dadores na estrutura do aminoácido, permitindo o desenvolvimento de complexos de coordenação altamente adaptáveis.

Por outro lado, os pontos quânticos de grafeno (GQDs) são segmentos minúsculos de grafeno que podem conter excitões e apresentar efeitos de tamanho quântico. Normalmente, os GQD têm diâmetros inferiores a 20 nm, o que os classifica como nanomateriais de carbono de dimensão zero. Estes GQDs apresentam propriedades luminescentes únicas, baixa toxicidade e excelente biocompatibilidade, o que os torna adequados para aplicações em células fotovoltaicas, imagiologia biológica e domínios médicos [7-9]. A sua grande área de superfície específica, boa dispersão e numerosos centros activos (tais como arestas, grupos funcionais e dopantes) permitem um ajuste versátil das propriedades químicas e físicas, apoiando aplicações de adsorção. Os ricos grupos funcionais de superfície e os sítios activos nos GQDs aumentam a sua capacidade de adsorção de substâncias específicas através da funcionalização com grupos funcionais específicos.

Os GQDs podem ser sintetizados através de métodos top-down e bottom-up. Os métodos descendentes envolvem o corte de materiais de carbono maiores, como nanotubos de carbono, folhas de grafeno e fibras de carbono, em pequenos GQDs. Em contrapartida, os métodos bottom-up criam GQDs a partir de pequenos precursores de carbono, como a glucose e o ácido cítrico. Os métodos de baixo para cima têm a vantagem de produzir GQDs com formas previsíveis e tamanhos uniformes, mas requerem frequentemente condições de reação exigentes, incluindo ácidos ou álcalis fortes, durações de tratamento prolongadas e processos de separação. Para resolver estes inconvenientes, é adotada neste estudo uma nova abordagem de síntese ascendente, que envolve a carbonização rápida e simples de um aminoácido amplamente disponível, utilizando um processo de pirólise com uma simples manta de aquecimento. Os GQDs resultantes emitem fluorescência num espetro de comprimentos de onda, incluindo a fluorescência no infravermelho próximo (NIR). A fluorescência NIR é particularmente vantajosa para amostras biológicas devido aos seus baixos sinais de fluorescência de fundo nesta região, resultando numa elevada relação sinal/ruído. Além disso, a radiação NIR pode penetrar profundamente nas matrizes das amostras devido às suas baixas propriedades de dispersão da luz, tornando os GQDs agentes de marcação promissores para a deteção sensível e a imagiologia de alvos biológicos. O rendimento quântico de fluorescência dos GQDs desenvolvidos é aproximadamente cinco vezes superior ao dos GQDs derivados do ácido cítrico. Este facto aumenta a sua aplicabilidade na imagiologia de fluorescência in vitro e in vivo. Para além da bioimagem, os GQDs também apresentam uma atividade catalítica semelhante à da peroxidase, permitindo a deteção sensível de H_2O_2. Neste caso, é demonstrado um método químico húmido para fabricar nanocompósitos de estrutura orgânica metálica de aminoácidos encapsulados em pontos quânticos de grafeno. Uma estrutura metal-orgânica (MOF) à base de aminoácidos é conhecida pela sua elevada estabilidade térmica e química. Os pontos quânticos de grafeno (GQDs) foram incorporados devido às suas notáveis propriedades luminescentes e fotocatalíticas. Os minúsculos GQDs foram incorporados na estrutura porosa de nanocristais de MOF de aminoácidos altamente rígidos e permanecem estáveis durante alguns meses em condições laboratoriais típicas. Esta estabilidade garante a preservação das suas propriedades estruturais e luminescentes, o que conduz a excelentes materiais para propriedades fotocatalíticas.

2. Materiais e métodos:

2.1 Materiais: O ácido glutâmico ($C_5H_9NO_4$, 99%) e o sulfato cúprico penta-hidratado ($CuSO_4.5H_2O$, 99%) foram adquiridos à Sisco Research Laboratories (SRL). As pastilhas de hidróxido de sódio (NaOH, 97%) foram adquiridas à Fisher Scientific Chemical Co, Ltd.

2.2 Métodos de caraterização: Os espectros de Infravermelhos com Transformada de Fourier (FTIR) foram registados no espetrómetro Perkin Elmer L 120-000A (Xmax em cm-1) em pastilhas de KBr na gama de 400-4000 cm-1, com a velocidade de varrimento de 200 nm min-1 utilizando o método do disco de KBr. A análise termogravimétrica foi efectuada com o instrumento Perkin Elmer STA 6000 na gama de temperaturas de 40-600 °C. Os espectros de fluorescência das amostras foram registados utilizando o espetrómetro de fluorescência HITACHI F-4600

2.3 Síntese de MOF de aminoácidos: O ácido glutâmico e o NaOH foram dissolvidos numa proporção molar de 1:2 em 10 ml de água desionizada. A mistura de reação foi agitada durante 30 minutos à temperatura ambiente. Dissolveu-se $CuSo_4.5H_2O$ aquoso em 10 ml de água e adicionou-se à mistura acima referida de modo a que a razão molar final se tornasse 1:2:1 e agitou-se durante uma hora à temperatura ambiente. O precipitado foi recolhido por lavagem completa com água desionizada e seco ao ar.

2.4 Síntese do nanocompósito MOF-GQD de aminoácidos: Foi preparada uma solução aquosa de ácido glutâmico e NaOH com uma relação molar de 1:2. Em seguida, a quantidade necessária de GQD foi adicionada à solução e agitada durante 30 minutos. Em seguida, adicionou-se 2 mmol de solução aquosa de $CuSO_4.5H_2O$ à mistura acima referida e agitou-se durante uma hora à temperatura ambiente. Da solução sai um precipitado azulado. O produto final foi lavado várias vezes com água desionizada e seco ao ar.

3. Resultados e discussão

3.1 Análise de difração de raios X em pó: Os padrões de PXRD da MOF de aminoácidos como sintetizada são apresentados na Figura 1. A análise de difração de raios X em pó (PXRD) mostra claramente que todos os picos caraterísticos da estrutura cúbica de face centrada MOF estão presentes nos compósitos MOF-GQD de aminoácidos.

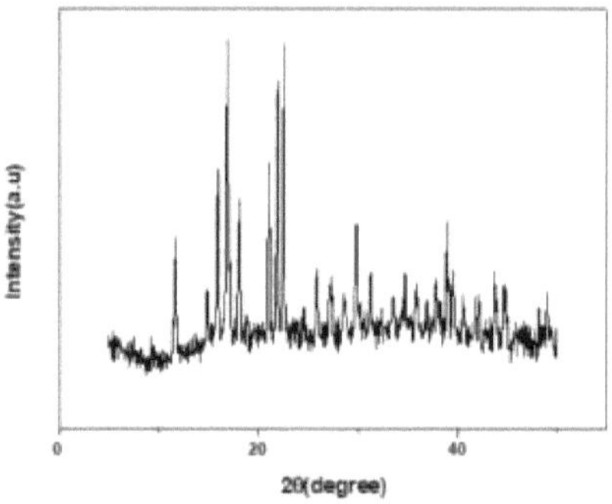

Figura-1. Padrões de PXRD de MOF à base de aminoácidos sintetizados

3.2 Análise FTIR: A Figura 2 representa os espectros FT-IR do nanocompósito MOF-GQD de aminoácidos sintetizado, com uma gama de absorção de 400-4000 cm^{-1}. A banda de absorção larga a aproximadamente 3210 cm^{-1} é atribuída à banda de estiramento O-H do H_2O coordenado e adsorvido presente no MOF. Um pico acentuado dos espectros de estiramento N-H do NH2 livre é obtido a 3320 cm^{-1}. As absorções de estiramento COO- assimétricas caraterísticas do MOF aparecem perto de 1570 cm^{1} e o estiramento simétrico aparece perto de 1420 cm '. Todos os picos se deslocam para uma frequência mais baixa no MOF-GQD em comparação com o MOF. O Av(coo-) para MOF @GQD diminui 20 cm' de 170 cm' apenas para MOF de glutamato.

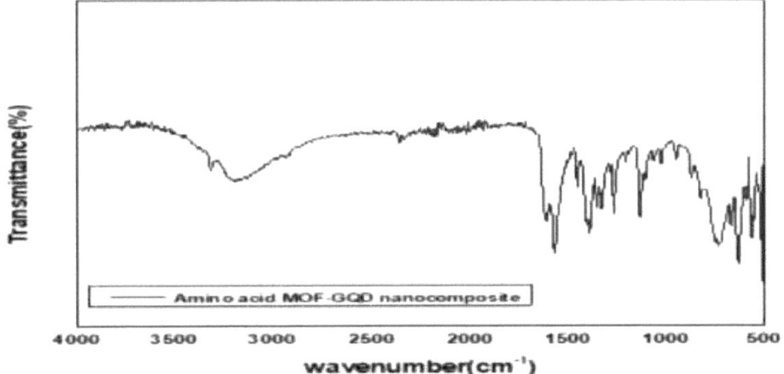

Figura 2. Espectros FT-IR do nanocompósito MOF-GQD de aminoácidos

3.3 Análise termogravimétrica: A Figura 3 representa a curva TGA de perda de peso em duas fases do MOF-GQD de aminoácidos sintetizado. A primeira perda de peso começa a 108^0 C e termina a 57^0 C com uma perda de peso correspondente de 14,35%. Este facto deve-se às moléculas de água frouxamente ligadas e coordenadas. A segunda fase de perda de peso é uma perda de peso acentuada que ocorre com uma decomposição de 45% entre 214^0 C e 317^0 C. Esta perda de peso primária ocorre devido à decomposição da estrutura.

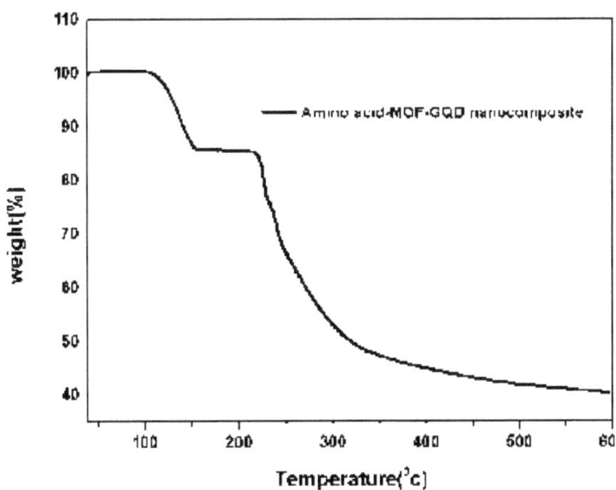

Figura 3. Curva TGA do nanocompósito MOF-GQD de aminoácidos

3.4 Propriedades ópticas: As propriedades ópticas do nanocompósito MOF-GQD de aminoácidos foram avaliadas por estudo espetroscópico de absorção no UV-visível e de fotoluminescência. O espetro de absorção UV-visível do MOF-GQD de aminoácidos indica que tem um valor de absorvância UV à volta de 227 nm, que é atribuído à caraterística das transições n-n* de C=O.

As propriedades de fotoluminescência da MOF de aminoácidos e da MOF-GQD de aminoácidos foram examinadas à temperatura ambiente. O espetro de PL na Figura 4 (b) dos nanocompósitos MOF-GQD de aminoácidos apresentou as bandas de emissão na região do visível. Os compósitos MOF@GQD de aminoácidos apresentam uma banda de emissão alargada entre 350 nm e 450 nm com máximos perto de 403 nm de azul ciano sob excitação a 360 nm. A banda de emissão indica claramente a incorporação de GQDs no MOF de aminoácidos. Na ausência de MOF, os GQD também apresentam emissão PL no mesmo comprimento de onda com um comprimento de onda de excitação de 360 nm.

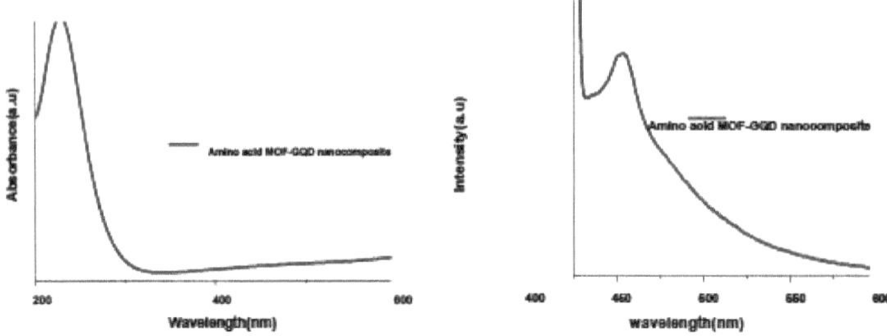

Figura 4: (a) Espectro de absorção UV-vis e (b) espetro de emissão de foto-luminescência do nanocompósito MOF-GQD de aminoácidos.

4.Conclusão

O nanocompósito de aminoácidos de cobre encapsulado em pontos quânticos de grafeno foi sintetizado com sucesso e caracterizado por várias técnicas. A estrutura cristalina cúbica de face centrada do MOF é confirmada pelo estudo XRD. A análise termogravitométrica mostra que o nanocompósito encapsulado em pontos quânticos de grafeno apresenta uma elevada estabilidade térmica. Os espectros de fluorescência confirmam os picos correspondentes à incorporação de GQDs no MOF à base de aminoácidos.

Referências

1. Furukawa, H., Cordova, K. E., O'Keefee, M., Yaghi, O. M. The chemistry and applications of metal-organic frameworks. Science. 341, p. 1230444.(2013)

2. Hanikel, N., Prevot, M. S., Yaghi, O. M. MOF water harvesters. Nat. Nanotechnol. 15(5): p. 348-355.(2020)

3. Anderson, S.L. e Stylianou,K.C: Estruturas orgânicas metálicas de origem biológica. Coord.Chem.Rev. 349, p. 102-128.(2017)

4. Wang, H.-S., Wang,Y.H., e Ding,Y: Desenvolvimento de estruturas metal-orgânicas biológicas concebidas para aplicações biomédicas: da bio-sensorização/bio-imagem ao tratamento de doenças. Nanoscale. adv. 2(9): p. 3788-3797.(2020)

5. Imaz, I., Rubio-Martinez,M., An,J., Sole-Font,I.,Rosi,N.L., Maspoch,D: Metalbiomolecule frameworks (MBioFs). Chem.comm. 47(26): p. 7287-7302.(2011)

6. Sajadi, S.A.A :Propriedades de ligação a iões metálicos do ácido L-glutâmico e do

ácido L-aspártico, uma investigação comparativa. Nat.Sci. 2(02): p. 85.(2010)

7. Tang, L., Ji,R., Cao,X., Lin,J.,Jiang,H., Li,X., Teng,K.S.,Luk,C.M., Zeng,S., Hao,J e Lau,S.P : Fotoluminescência ultravioleta profunda de pontos quânticos de grafeno auto-passivados solúveis em água. ACS nano. 6(6): p. 5102-5110.(2012)

8. Liu, R., Wu,D., Feng X., e Mullen,K : Fabrico "bottom-up" de pontos quânticos de grafeno fotoluminescentes com morfologia uniforme. J.Am.Chem. 133(39): p. 15221-15223.(2011)

9. Dong, Y., Shao, J., Chen, C., Li, H., Wang, R., Chi, Y., Lin, X e Chen, G. Pontos quânticos de grafeno luminescentes azuis e óxido de grafeno preparados através da afinação do grau de carbonização do ácido cítrico. Carbono. 50(12): p. 4738-4743.(2012)

CAPÍTULO 3

Galeria de fotos

Alguns instantâneos do Dia I...

*Felicitação do convidado principal, Prof. D. K. Maiti, pelo Honorável Vice-Reitor, Prof. R. M. Pant
Inauguração da Conferência Nacional sobre
Investigação Avançada
em Ciências Químicas (ARCS)-2023 com o acender da lâmpada*

*Canção inaugural apresentada pelos estudantes do Departamento
de Química, Universidade de Assam, Silchar*

O Prof. D. K. Maiti proferiu a sua conferência no primeiro dia da conferência
A sessão de apresentação de posters está a ser organizada no dia 1 do ARCS-2023.

Convidados ilustres interagindo com os bolseiros de doutoramento e outros participantes durante a sessão de apresentação de posters no dia 1.

O Prof. B. Mukhopadhyay interage com os participantes e convidados durante a sessão de perguntas e respostas após a sua palestra
Programa cultural na véspera do primeiro dia do ARCS-2023

Estudantes do Departamento de Química da Universidade de Assam, Silchar, actuam na dança folclórica bengali "dhamail".

Algumas fotos do dia 2...

O Prof. V. K. Tiwari proferiu a sua conferência no segundo dia do ARCS-2023
O Dr. Debajyoti Mahanta faz a sua apresentação

O Prof. V. K. Tiwari está a ser felicitado com uma lembrança pelo Prof. M. K. Bhattacharyya, Prof B. Mukhopadhyay e Prof. A. Das

Convidados ilustres e participantes durante uma sessão técnico-científica no segundo dia do ARCS-2023
Distintos convidados, membros do corpo docente e participantes do ARCS-2023

Convocador, Dr. H. Acharya durante a sessão de despedida

O Prof. R. N. Dutta Purkayastha entrega o prémio de melhor poster
Membros do corpo docente com os convidados ilustres

Chefe do Departamento de Química da Universidade de Assam, Prof. Jasimuddin, que apresenta as observações finais

I want morebooks!

Buy your books fast and straightforward online - at one of world's fastest growing online book stores! Environmentally sound due to Print-on-Demand technologies.

Buy your books online at
www.morebooks.shop

Compre os seus livros mais rápido e diretamente na internet, em uma das livrarias on-line com o maior crescimento no mundo! Produção que protege o meio ambiente através das tecnologias de impressão sob demanda.

Compre os seus livros on-line em
www.morebooks.shop